食品微生物学实验简明教程

柴新义　主编

化学工业出版社

·北京·

本书介绍了与食品微生物学教学、科研和生产中有关的微生物学实验的基本原理和操作技术，同时适当介绍了一些当前生产实践有关的新技术。全书分三部分：第一部分介绍微生物学的基本实验技术；第二部分介绍微生物学上的应用实验技术；第三部分介绍食品微生物学综合设计性实验，与生产实际相结合。本书涵盖显微镜技术、无菌操作技术、染色技术、形态结构观察，培养基制备、消毒灭菌、接种与培养，分离与纯化、生理生化反应、食品中微生物学检测、菌种保藏等内容。

本书可作为高等院校食品科学与工程、食品质量与安全专业的教科书，也可作为制药工程、发酵工程等相关专业的参考书，还可作为食品相关企业、食品卫生检验部门以及从事食品微生物和发酵工作的人员的参考资料。

图书在版编目(CIP)数据

食品微生物学实验简明教程/柴新义主编. —北京：化学工业出版社，2016.1（2018.1重印）
ISBN 978-7-122-25698-0

Ⅰ.①食… Ⅱ.①柴… Ⅲ.①食品微生物-微生物学-实验-教材 Ⅳ.①TS201.3-33

中国版本图书馆 CIP 数据核字（2015）第 282495 号

责任编辑：魏 巍 赵玉清 文字编辑：焦欣渝
责任校对：边 涛 装帧设计：关 飞

出版发行：化学工业出版社（北京市东城区青年湖南街 13 号 邮政编码 100011）
印 装：三河市延风印装有限公司
710mm×1000mm 1/16 印张 12 字数 258 千字 2018 年 1 月北京第 1 版第 2 次印刷

购书咨询：010-64518888（传真：010-64519686） 售后服务：010-64518899
网 址：http://www.cip.com.cn
凡购买本书，如有缺损质量问题，本社销售中心负责调换。

定 价：**29.00 元**

本书编写人员名单

主　　编　柴新义

编　　者　（按照姓名笔画排序）

于士军　张磊　柴新义　殷培峰

主　　审　孙艳辉

前言

食品微生物学实验是食品微生物学的重要组成部分，是食品微生物学教学的重要内容。

我们总结分析了滁州学院长期开设微生物学实验课的经验及实施效果，在把握学生应该学习和掌握的微生物学实验技能和应该具备的综合能力与创新意识的基础上，大力精简了部分实验内容，并参考了国内有关教材以及相关资料编写而成。本书力求重点突出，层次分明，条理清晰，简洁易懂，技术实用，能让学生掌握关键“核心知识和技术”，切实做到学以致用。

全书共分三大部分：第一部分“食品微生物学基础实验”，介绍微生物学的基本实验技术；第二部分“食品微生物学应用实验”，介绍食品行业中微生物学上的重要应用实验技术；第三部分“食品微生物学综合设计性实验”，与生产实际相结合培养学生的创新能力。全书涵盖了显微镜技术、无菌操作技术、染色技术、形态结构观察，培养基制备、消毒灭菌、接种与培养，分离与纯化、生理生化反应、食品中微生物学检测、菌种保藏等内容。

本书由柴新义任主编，参编人员还有于士军、张磊、殷培峰。第一部分由柴新义、张磊编写（其中实验一至实验十六由柴新义编写，实验十七至实验二十一由张磊编写），第二部分由张磊和于士军编写（其中实验二十二至实验三十一由张磊编写，实验三十二至实验三十六由于士军编写），第三部分（实验三十七至实验四十一）由于士军负责编写，食品微生物学实验须知和附录部分由殷培峰编写。柴新义负责统稿。本书初稿完成后，由柴新义改写和重写了部分实验，并对书稿进行校阅修改和定稿。本书引用了一些著作者的图表，在此对原作者表示感谢！

在本书的编写过程中，孙艳辉教授审阅了编写大纲和教材书稿。

本教材是国家教育部资助的大学生工程实践教育基地建设的研究成果之一。

本教材涉及的学科较多，内容广泛，加之编者水平和能力有限，缺点和错误在所难免，恳请同行专家和广大读者提出宝贵意见，以便本书在使用中不断修改完善和提高。

编者

2015 年 8 月

目录

第三部分　食品微生物学综合设计性实验 / 137

附录 / 156

参考文献 / 184

食品微生物学实验须知

微生物学实验课是微生物学及其相关专业学生学习和理解微生物学知识的基础，是锻炼和掌握微生物学基本操作技能的重要教学环节。为了圆满完成实验课的教学任务，实现教学目的，进入微生物学实验室从事相关实验的人员均应谨记如下实验室规则及注意事项。

1. 实验室登记

实验课前登记签到，若有失约应事先请假。

2. 实验室着装

进入实验室应着干净整洁的实验服，长发者应将头发束于脑后或实验帽内，实验操作人员最好勿穿高跟鞋，严禁穿拖鞋进入实验室。

3. 实验室课堂纪律

遵守课堂纪律，维护课堂秩序。不迟到早退。提倡独立思考，合作研究，勿喧哗，忌闲聊。实验室内禁止饮食和吸烟。衣物、书包和其他杂物应放置在远离实验台的位置。

4. 实验前准备

实验前应预习实验内容，了解实验目的、原理和方法，熟悉实验室环境。

5. 实验室安全

严格执行实验室各项规章制度，养成良好的实验习惯。实验室药品和试剂均应标签完整。实验前后应对实验者和操作环境进行消毒处理，有条件的应在无菌室中、超净工作台上、酒精灯前进行无菌操作。对于实验室的仪器设备谨记“不懂不动”的原则，应在掌握实验仪器设备的性能和使用方法的前提下规范使用（养成事先阅读说明书的好习惯）。使用压力容器（如高压灭菌锅等）时，须熟悉操作要求，时刻注意观察压力表，控制在规定压力范围内，以免发生危险。注意安全用电，电气设备使用前应检查有无绝缘损坏、接触不良或地线接地不良，故障电器应及时标记，并尽快上报维修。实验室应保持良好的通风条件，时刻注意实验室中水、火、电、气等方面的使用规范和安全要求。实验室必须配备消防器材、实验人员要熟悉其使用方法并掌握使用方法。

6. 实验室环境卫生

实验中产生的废液、废物应集中处理，不得任意排放（严禁弃物于洗涤槽内）。所有废弃的微生物培养物以及被污染的玻璃器皿、阳性的检验标本，均应先消毒灭菌处理（消毒水浸泡过夜，煮沸或高压蒸汽消毒灭菌等）后再清洗处置，有毒易污染的实验废液应倒入专门的废液回收器内。实验器具用完后应及时清洁并归位原处，玻璃器皿等容器应洗净倒置，摆放于固定位置。

7. 实验课组织

分组实验应该安排实验组长，组织实验活动，收发实验报告，教学沟通，安排值日。值日生负责监督各实验台的卫生，打扫并保持实验室环境卫生，倾倒垃圾，离开实验室前检查水、火、电、气及门窗等安全。

第一部分　食品微生物学基础实验

实验一　普通光学显微镜的使用与微生物形态观察

一、实验目的

1. 了解普通光学显微镜的基本构造。
2. 学会显微镜的正确使用方法。
3. 观察几种常见微生物的显微形态。

二、实验原理

显微镜的放大效能（分辨率）是由所用光波长短和物镜数值口径决定，缩短使用的光波波长或增加数值口径可以提高分辨率，可见光的光波范围比较窄，紫外光波长短可以提高分辨率，但不能用肉眼直接观察。所以利用减小光波长来提高光学显微镜分辨率是有限的，提高数值口径是提高分辨率的理想措施。要增加数值口径，可以提高介质折射率，当空气为介质时折射率为 1，而香柏油的折射率为 1.51，和载片玻璃的折射率（1.52）相近，这样光线可以不发生折射而直接通过载片、香柏油进入物镜，从而提高分辨率。显微镜总的放大倍数是目镜和物镜放大倍数的乘积，而物镜的放大倍数越高，分辨率越高。微生物学使用的显微镜的物镜通常有低倍镜（10×）、高倍镜（40×）和油镜（100×），油镜是三者中放大倍数最大的。油镜的焦距和工作距离最短。油镜与其他物镜不同的是载玻片与物镜之间隔的不是一层空气（干燥系），而是一层油脂，称为“油浸系”。利用油镜的目的是增加显微镜的分辨力。

三、实验材料

1. 菌种

大肠杆菌 *Escherichia coli*、枯草芽孢杆菌 *Bacillus subtilis*、金黄色葡萄球菌 *Staphylococcus aureus* 等菌种装片。

2. 试剂

香柏油，二甲苯。

3. 仪器与其他用具

普通光学显微镜（图 1-1），擦镜纸等。

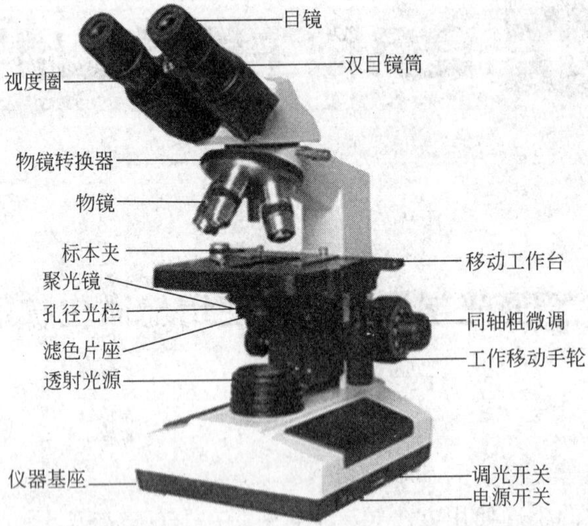

图 1-1　显微镜的实物构造图

现代普通光学显微镜由机械系统和光学系统两大部分组成。

机械系统主要包括：镜座、镜臂、载物台、转换器、调节装置等。

光学系统主要包括：物镜、目镜、聚光器、光源等。

四、实验流程

取镜→安放→低倍镜观察→高倍镜观察→油镜观察→整理

五、实验步骤

（一）观察前的准备

1. 显微镜的放置

将显微镜置于平稳的实验台上，镜座距实验台边沿约为 10cm。坐正，练习用左眼观察，右眼绘图或记录。

2. 调节光源

将低倍物镜转到工作位置，把光圈完全打开，聚光器升至与载物台相距约 1mm。可通过调节光源亮度旋钮将安装在镜座内的光源控制为适当的照明亮度。观察染色装片时，光线宜强；观察未染色装片时，光线不宜太强。

（二）低倍镜观察染色装片

首先，上升镜筒，将枯草芽孢杆菌染色装片置于载物台上，用弹簧夹夹住，将观察位置移至物镜正下方，物镜降至距离标本装片 0.5cm 处，适当缩小光圈，然后两眼从目镜观察，转动粗调节器使物镜逐渐上升（或使镜台下降）至发现物像时，改用细调节器调节到物像清楚为止。移动装片，把合适的观察部位移至视野中心，仔细观察并绘图。

（三）高倍镜观察

眼睛离开目镜从侧面观察，旋转转换器，将高倍镜转至正下方，注意避免镜头与玻片相撞。再由目镜观察，仔细调节光圈，使光线的明亮度适宜。用细调节器校正焦距使物镜观察到的物像清晰为止。将最适宜观察部位移至视野中心，左眼观察，右眼绘图。结束后，不要移动装片位置，准备用油镜观察。

（四）油镜观察

1. 提起镜筒约 2cm，将油镜镜头转至正下方。在玻片标本的镜检部位（镜头的正下方）滴一滴香柏油，切勿滴加过多，否则易造成视野模糊。

2. 从侧面注视，小心慢慢降下镜头，使油镜浸入香柏油中至油圈不扩大为止，镜头几乎与装片接触，但不可压及装片，以免压碎玻片，损坏镜头。

3. 将光线调亮，左眼从目镜观察，用粗调节器将镜筒徐徐上升（切忌反方向旋转），当视野中有物像出现时，再用细调节器校正焦距。如因镜头下降未到位或镜头上升太快未找到物像，必须再从侧面观察，将油镜降下浸入油中，重复操作直至看清物像为止。仔细观察，并绘图。

4. 再次观察，提起镜筒，换上金黄色葡萄球菌或大肠杆菌染色装片，依次用低倍镜、高倍镜和油镜观察，并绘图。

（五）镜检完毕后的整理

1. 移开物镜镜头。

2. 取出装片。

3. 清洁油镜。油镜使用完毕后，须用擦镜纸擦去镜头上的香柏油，再用擦镜纸蘸少许二甲苯擦掉残留的香柏油，最后再用干净的擦镜纸擦干残留的二甲苯。

4. 擦净显微镜，将各部分还原。将接物镜呈“八”字形降下，不可使其正对聚光器，同时降下聚光器。最后，套上镜罩，对号放入镜箱中，置阴凉干燥处存放。

六、注意事项

1. 取显微镜时必须右手握镜臂，左手托镜座，严禁单手提镜，勿使镜体倾斜，防止目镜从镜筒中滑出或碰撞显微镜。

2. 将显微镜平稳地放在自己左侧的适当地方，镜臂向着自己，镜检者姿势要端正。一般用左眼观察，右眼便于绘图或记录。两眼必须同时睁开，以减少疲劳。

3. 将镜台向上调节时，须从侧面观察，以防压碎标本玻片或损坏物镜镜头。油镜的工作距离较短，因此，操作时要特别谨慎，切忌用眼睛对着目镜一边观察一边下降镜筒。

4. 一般情况下观察标本均要加盖盖玻片，切忌水、酒精或其他药品浸损镜头或镜台。观察标本时，须按低“倍镜→高倍镜→油镜”的顺序进行。

5. 显微镜各部要保持清洁，光学部分必须用镜头纸擦拭，绝对禁止用其他物品擦拭。其他部分可用纱布轻轻擦拭。各个镜面切忌用手涂抹，以免手上的油或汗沾于镜面而使得日后引起发霉或腐蚀。

6. 使用显微镜时一定严格按规程操作，遇到问题，如机件不灵，千万不可用力转动，切忌任意拆修，应立即报告指导教师。

七、实验结果与报告

分别绘出在低倍镜、高倍镜和油镜下观察到的枯草芽孢杆菌、金黄色葡萄球菌和大肠杆菌的形态，并注明物镜放大倍数和总放大率。

八、思考题

1. 用油镜便于观察细菌的依据是什么？使用油镜时，应特别注意哪些问题？
2. 当物镜从低倍镜转到高倍镜和油镜时，对照明度有何要求？应如何调节？

实验二　细菌的革兰氏染色技术

一、实验目的

1. 学习微生物涂片、染色的基本技术，并掌握革兰氏染色的方法。
2. 了解革兰氏染色法的原理及其在细菌分类鉴定中的重要性。
3. 巩固普通光学显微镜的使用方法。

二、实验原理

革兰氏染色反应是细菌分类和鉴定的重要特征。革兰氏染色技术是1884年由丹麦医师Gram创立的。采用革兰氏染色法不仅能观察到细菌的形态，而且还可将所有细菌区分为两大类：染色反应呈蓝紫色的称为革兰氏阳性细菌，用G^+表示；染色反应呈红色（复染颜色）的称为革兰氏阴性细菌，用G^-表示。细菌对革兰氏染色的不同反应，是由于它们细胞壁的成分和结构不同而造成的。

通过结晶紫初染和碘液媒染后，在细胞壁内形成了不溶于水的结晶紫与碘的复合物，革兰氏阳性菌由于其细胞壁较厚、肽聚糖网层次较多且交联致密，故遇乙醇脱色处理时，因失水反而使网孔缩小，再加上它不含类脂，故乙醇处理不会出现缝隙，因此能把结晶紫与碘复合物牢牢留在壁内，使其仍呈蓝紫色；而革兰氏阴性菌因其细胞壁薄、外膜层类脂含量高、肽聚糖层薄且交联度差，在遇脱色剂后，以类脂为主的外膜迅速溶解，薄而松散的肽聚糖网不能阻挡结晶紫与碘复合物的溶出，因此通过乙醇脱色后呈无色，再经沙黄等红色染料复染，就使革兰氏阴性菌呈红色。

三、实验材料

1. 菌种

大肠杆菌 *Escherichia coli*、枯草芽孢杆菌 *Bacillus subtilis*、金黄色葡萄球菌

Staphylococcus aureus 等斜面菌种。

2. 试剂

草酸铵结晶紫染色液、碘液、95%乙醇、0.5%番红（沙黄）染色液、香柏油、二甲苯、无菌生理盐水。

3. 仪器与其他用具

光学显微镜、灭菌的载玻片、盖玻片、酒精灯、火柴、小试管（75mm×10mm）、烧杯（300mL）、滴管、接种环、擦镜纸、镊子、吸水纸、洗瓶、计时器等。

四、实验流程

涂片→干燥→固定→结晶紫染液初染（1～2min）→水洗→碘液媒染（1min）→水洗→95%乙醇脱色（20～30s）→水洗→番红染液复染（1～2min）→水洗→干燥→镜检

五、实验步骤

1. 涂片

取两块载玻片，各滴一小滴生理盐水于玻片中央，用接种环以无菌操作分别从培养 14～16h 的枯草芽孢杆菌和培养 24h 的大肠杆菌的斜面上挑取少量菌苔于水滴中，混匀并涂成薄膜。

注意事项：载玻片要洁净无油迹；滴生理盐水和涂菌不宜过多；涂片要均匀，不宜过厚。

2. 干燥

室温，自然风干。

3. 固定

固定时通过酒精灯火焰 2～3 次即可，其目的是使细胞质凝固，以固定细胞形态，并使之牢固附着在载玻片上。

注意事项：热固定温度不宜过高，以载玻片背面不烫手为宜，否则会改变甚至破坏细胞形态，影响染色结果。

4. 染色（图 2-1）

（1）初染　加草酸铵结晶紫 1 滴，将菌膜覆盖，约 1～2min，水洗。

（2）媒染　滴加碘液冲去残水，并覆盖约 1min，水洗。

（3）脱色　将载玻片上面的水用吸水纸轻轻吸去，并衬以白背景，用 95%酒精滴洗，至流出酒精刚刚不出现蓝紫色时为止，约 20～30s，立即用水冲净酒精。

（4）复染　用番红液复染 1～2min，水洗。

（5）镜检　干燥后，置光学显微镜下观察。革兰氏阴性菌呈红色，革兰氏阳性菌呈蓝紫色。

注意事项：水洗，以洗出的水无色为准。以分散开的细菌的革兰氏染色反应为准，过于密集的细菌，常常呈假阳性。革兰氏染色的关键在于严格掌握酒精脱色程

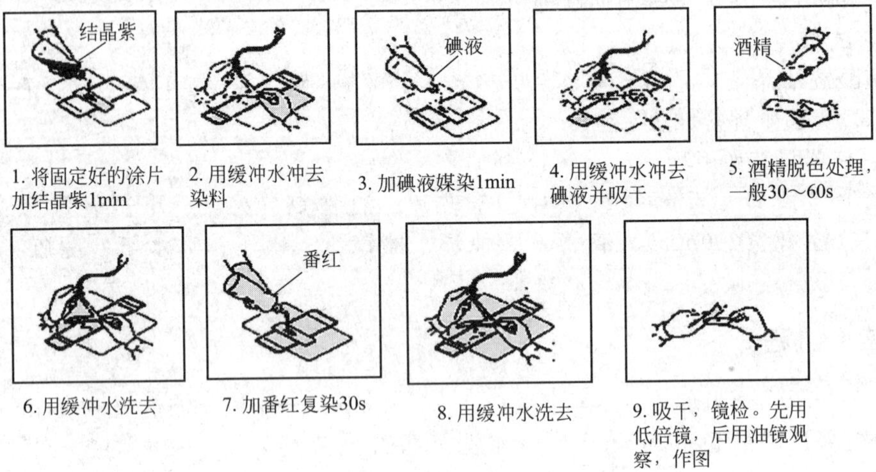

图 2-1 革兰氏染色过程图

度，如脱色过度，则阳性菌可被误染为阴性菌；而脱色不够时，阴性菌可被误染为阳性菌。此外，菌龄长短也会影响染色结果，如阳性菌培养时间过长，或已死亡及部分菌自行溶解了，都常呈阴性反应。镜检时，从低倍镜到高倍镜依次查找物像。

六、实验结果与报告

请将各菌株的染色结果填写至下表中。

序号	菌种	染色结果	G^+ / G^-	备注说明
1	大肠杆菌 *Escherichia coli*			
2	枯草芽孢杆菌 *Bacillus subtilis*			
3	金黄色葡萄球菌 *Staphylococcus aureus*			

七、思考题

1. 为什么革兰氏染色涂片时要涂得均匀且薄？革兰氏染色成败的关键一步是什么？为什么？
2. 如何证明未知菌染色结果的可靠性？

实验三 细菌的芽孢、荚膜和鞭毛染色技术

一、实验目的

1. 掌握芽孢涂片及芽孢染色的原理和步骤。
2. 学习并掌握荚膜染色法。

3. 学习并初步掌握鞭毛染色法，观察细菌鞭毛的形态特征。

4. 巩固显微镜操作技术及无菌操作技术。

二、实验原理

芽孢是芽孢杆菌属和梭菌属细菌生长到一定阶段形成的一种抗逆性很强的休眠体结构，也被称为内生孢子，通常呈圆形或椭圆形。细菌能否形成芽孢及芽孢的形状、着生位置、芽孢囊是否膨大等特征都是鉴定细菌的重要指标。与正常细胞或菌体相比，芽孢壁厚、透性低而不易着色，但是芽孢一旦着色就很难被脱色。利用这一特点，首先用着色能力较强的染料，如孔雀绿或碱性品红在加热条件下进行染色，此染料不仅可以进入菌体，而且也可以进入芽孢，进入菌体的染料可经水洗脱色，而进入芽孢的染料则难以透出。再用对比度大的复染剂（如番红液）染色后，菌体染上复染剂颜色，而芽孢仍为原来的颜色，这样就可以将两者区别开来。

某些细菌生长到一定阶段，在一定条件下会向细胞壁外分泌一层黏性的多糖类物质——荚膜。荚膜含水分多，疏松且较薄，受热易失水变形。荚膜不易染色，故常用衬托染色法，即将菌体着色，而将不着色的透明荚膜衬托出来。目前，荚膜染色法一般有湿墨水法、干墨水法和 Tyler 法。

鞭毛是细菌的运动器官，鞭毛的有无、数量及着生方式也是细菌分类的重要指标。鞭毛直径一般为 10～30nm，只有用电镜才能直接观察到。若要用普通光学显微镜观察，必须使用鞭毛染色法。首先，用媒染剂（如单宁酸或明矾钾）处理，使媒染剂附着在鞭毛上使其加粗。然后，用碱性复红（Gray 氏染色法）、碱性复品红（Leifson 氏染色法）、硝酸银（West 氏染色法）或结晶紫（Difco 氏染色法）进行染色。本实验介绍硝酸银染色法和改良的 Leifson 氏染色法，前一种方法更容易掌握，但染色剂配制后保存期较短。

三、实验材料

1. 菌种

巨大芽孢杆菌 *Bacillus megateritum*、胶质芽孢杆菌 *Bacillus mucilaginosus*、普通变形杆菌 *Proteus vulgarris* 或枯草芽孢杆菌 *Bacillus subtilis*。

2. 试剂

孔雀绿染色液、沙黄染色液、草酸铵结晶紫、番红水溶液、6%葡萄糖水溶液、1%甲基紫水溶液、甲醇、冰醋酸、20%硫酸铜水溶液、结晶紫水溶液、硝酸银鞭毛染色液（A 液、B 液）、Leifson 氏鞭毛染色液、美蓝水溶液、香柏油、蒸馏水、95%乙醇溶液。

Leifson 氏鞭毛染色液：

A 液：碱性复红 1.2g，95%乙醇 100mL。

B 液：鞣酸 3g，蒸馏水 100mL，0.2%苯酚。

C 液：氯化钠 1.5g，蒸馏水 100mL。

染色液分别贮藏于玻璃瓶中，在室温下比较稳定。使用前将上述 A、B、C 溶液等比例混合，混合液置冰箱中可存放数周。

3. 仪器与其他用具

普通光学显微镜、载玻片、盖玻片、接种环、玻片搁架、酒精灯、擦镜纸、镊子、香柏油、二甲苯、无菌水、吸水纸、记号笔等。

四、实验流程

1. 芽孢染色法

制片→染色→水洗→复染→水洗→镜检

2. 荚膜染色法

(1) Tyler 法

涂片→干燥→固定→染色→脱色→干燥→镜检

(2) 湿墨水法

制菌液→制片→镜检

(3) 干墨水法

制菌液→制片→干燥→固定→干燥→染色→水洗→镜检

3. 鞭毛染色法

(1) 硝酸银染色法

制片→干燥→染色→干燥→镜检

(2) Leifson 氏染色法

清洗→涂片→染色→镜检

五、实验步骤

(一) 芽孢染色法

1. 制片

按常规涂片、干燥、固定。

(1) 涂片　取两块载玻片，各滴一小滴生理盐水于玻片中央，用接种环以无菌操作分别从培养 12～14h（培养温度 37℃）的巨大芽孢杆菌 *Bacillus megateritum* 的斜面上挑取少量菌苔于水滴中，混匀并涂成薄膜。

注意事项：载玻片要洁净无油迹；滴生理盐水和涂菌不宜过多；涂片要均匀，不宜过厚。

(2) 干燥　室温下自然风干。

(3) 固定　固定时通过酒精灯火焰 2～3 次即可，其目的是使细胞质凝固，以固定细胞形态，并使之牢固附着在载玻片上。

2. 染色

加数滴 5%孔雀绿染色液于涂片上，用木夹夹住载玻片一端，在微火上加热至染色液微冒蒸汽，并开始计时，维持 5min。加热过程中及时补充染色液，切勿让涂片干涸。

3. 水洗

待玻片冷却后，用缓流自来水冲洗载玻片，直至流出的水无色为止。

4. 复染

用 0.5%番红（沙黄）染液复染 1.5min 。

5. 水洗

用缓流水洗后，干燥。

6. 镜检

先低倍镜，再高倍镜，最后油镜观察。绘图。

注意事项：要保证本实验获得成功，必须要注意以下几点：①选用合适菌龄的巨大芽孢杆菌 *Bacillus megateritum* 菌种（通常 37℃，培养 12～14h 效果最佳），幼龄的尚未形成芽孢，而老龄菌的芽孢囊可能已破裂；②加热染色时，必须维持在染色液微冒蒸汽的状态，加热沸腾会导致菌体或芽孢囊破裂，如加热温度和时间不够则难以着色。脱色必须等玻片冷却后进行，否则骤然用冷水冲洗会导致玻片破裂。

（二）荚膜染色法

1. Tyler 法

（1）涂片　在洁净无油腻的载玻片中央滴一小滴蒸馏水（或用接种环蘸 1～2 滴水），用无菌的接种环挑取少量胶质芽孢杆菌 *Bacillus mucilaginosus* 菌种与水滴充分混匀，涂成极薄的菌膜，涂布面积约 $1cm^2$。

（2）干燥　涂片在室温下，使其自然干燥，也可以小心地在酒精灯上高处微微加热，使水分蒸发，但切勿紧靠火焰或加热时间过长。

（3）固定　用手执载玻片一端，有菌膜的一面朝上，通过微火三次（手指触摸反面不烫手为宜），待玻片冷却后，再加染色液。

注意事项：由于荚膜含水量一般在 90%以上，因此，染色时通常不用热固定，以免荚膜皱缩变形，影响显微镜观察效果。

（4）染色　涂片置于玻片搁架上，加适量（以盖满菌膜为度）Tyler 染色液（结晶紫 0.1g、冰醋酸 0.25mL、蒸馏水 100mL）于菌膜部位，染色 5～7min。

（5）脱色　用手执载玻片一端，斜置。用 20%硫酸铜水溶液洗去染色液（约冲洗 2～3 次）。

（6）干燥　用吸水纸吸去涂片上的水，用吸水纸时切勿将菌体擦掉。立即滴加 1～2滴香柏油于菌膜处，以避免硫酸铜结晶的形成。

（7）镜检　用低倍镜找到物像，再用高倍镜或油镜观察，并绘出胶质芽孢杆菌形态图。

结果显示：菌体紫色，背景蓝色，荚膜无色。

2. 湿墨水法

（1）制菌液　取 1 滴墨水滴在载玻片的中央，用无菌的接种环在无菌条件下挑取少量的菌体与墨水混匀，得到混合菌液。

（2）制片　取一个洁净的盖玻片盖在上述混合液上，然后用手轻轻点压，用滤纸吸去多余的混合菌液。

（3）镜检　用低倍镜找到物像，再用高倍镜或油镜观察，并绘出胶质芽孢杆菌形态图。

结果显示：背景灰色，菌体较暗，在菌体周围出现一明亮的透明圈，即荚膜。

3. 干墨水法

（1）制菌液　滴加一点6%葡萄糖液于载玻片的中央，无菌条件下挑取少量胶质芽孢杆菌与其混合，随后取一环墨水，三者充分混匀。

（2）制片　用另一洁净的玻片以45°角迅速而均匀地推拉，使得混合液被涂成一层薄膜。

（3）干燥　室温下自然干燥。

（4）固定　用甲醇浸片，固定1min，然后倾去甲醇。

（5）干燥　室温下自然干燥，也可在酒精灯上微微加热，加速干燥。

（6）染色　用甲基紫液染色2min。

（7）水洗　用自来水缓缓冲洗，以流下的水无色为止。用滤纸吸去多余的水分，自然干燥。

（8）镜检　用低倍镜找到物像，再用高倍镜或油镜观察，并绘出胶质芽孢杆菌形态图。

结果显示：背景灰色，菌体紫色，菌体外围呈现一清晰可见的透明圈，即为荚膜。

（三）鞭毛染色法

1. 硝酸银染色法

（1）制片　将载玻片用清水充分洗净，再置于95%乙醇中浸泡，5min后取出载玻片自然干燥。在载玻片的一端滴一滴蒸馏水，用接种环蘸取少许备用的菌落（最好从菌落的边缘取菌苔，注意不要挑上培养基），在载玻片的水滴中轻沾几下，将载玻片稍倾斜，使菌液随水滴缓慢流到另一端。

（2）干燥　平放在空气中自然干燥。

（3）染色　涂片干燥后，滴加硝酸银鞭毛染色液A液染3～5min，用蒸馏水冲洗，用B液覆盖0.5～1min（注意：一定要充分洗净A液后再加B液，否则背景很脏），用蒸馏水冲洗。

（4）干燥　室温下，自然干燥。

（5）镜检　镜检时，如未见鞭毛，应在整个涂片上多找几个视野，有时只在部分涂片上染出鞭毛。

结果显示：菌体为深褐色，鞭毛为褐色。

2. Leifson氏染色法

（1）清洗　方法同上。载玻片要求干净无油污。

（2）涂片　菌液的制备同上。用记号笔在载玻片上划分出4个相等的区域。分别用灭菌的接种环取一环菌液于每一个区域的一端，将载玻片慢慢倾斜，让菌液流向另一边。用滤纸吸取多余的菌液。室温下自然干燥。

（3）染色　吸取Leifson氏染色液加到第1区。3min后染料加入第2区，以后以此类推，通过该法确定最佳的染色时间（一般情况下染色约需10min）。

注意事项：当整个载玻片出现铁锈色沉淀和染料表面出现金色薄膜时，即可以用自来水轻轻清洗。清洗干净后，室温下自然干燥。

(4) 镜检　用低倍镜找到物像，再用高倍镜或油镜观察，并绘出普通变形杆菌形态图。

结果显示： 菌体和鞭毛均呈现红色。

实验完毕，先用擦镜纸将油镜头上的油擦去，用擦镜纸蘸少许二甲苯将镜头擦2～3次，再用干净的擦镜纸将镜头擦2～3次；对观察过的染色玻片，用废纸将香柏油擦干净。

六、实验结果与报告

1. 观察经过染色的巨大芽孢杆菌 *Bacillus megateritum* 芽孢的形态，大小和芽孢在菌体中的位置，并绘出游离芽孢形态图。

菌种	放大倍数	颜色		形态图
		菌体	芽孢	
巨大芽孢杆菌 *Bacillus megateritum*				

2. 绘图说明所观察到的胶质芽孢杆菌 *Bacillus mucilaginosus* 菌体和荚膜的形态。

菌种	放大倍数	颜色		形态图
		菌体	荚膜	
胶质芽孢杆菌 *Bacillus mucilaginosus*				

3. 绘图说明所观察到的普通变形杆菌 *Proteus vulgarris* 菌体和鞭毛的形态。

菌种	放大倍数	颜色		形态图
		菌体	鞭毛	
普通变形杆菌 *Proteus vulgarris*				

七、思考题

1. 用简单染色法是否能观察到巨大芽孢杆菌 *Bacillus megateritum* 的芽孢？为什么？

2. 你认为哪些环节会影响芽孢染色的正确性？其中最关键的环节是什么？

3. 组成荚膜的成分是什么？通过荚膜染色法染色后，为什么被包在荚膜里面的菌体着色而荚膜不着色？

4. 除鞭毛染色法之外，我们还可以通过什么样的方法观察到鞭毛？

5. 鞭毛的染色效果受到哪些因素的影响？如何克服这些影响？

实验四　培养基的制备与灭菌技术

一、实验目的

1. 掌握微生物实验室常用玻璃器皿的清洗及包扎方法。
2. 掌握培养基的配制方法。
3. 掌握高压蒸汽灭菌的操作方法。

二、实验原理

培养基是人工配制的，适合微生物生长繁殖或产生代谢产物的营养基质。任何培养基都应该具备微生物生长所需要的六大营养要素：碳源、氮源、无机盐、能源、生长因子、水。配制培养基时应尽量利用廉价且易于获得的原料作为培养基成分，特别是在发酵工业中，以降低生产成本。

正确掌握培养基的配制方法是从事微生物学实验工作的重要基础。由于微生物种类及代谢类型的多样性，因而用于培养微生物的培养基的种类也很多。它们的配方及配制方法虽各有差异，但一般培养基的配制程序却大致相同，例如器皿的准备、培养基的配制与分装、棉塞的制作、培养基的灭菌、斜面与平板的制作、培养基的无菌检查等基本环节大致相同。

在微生物实验中，需要进行纯培养，不能有任何杂菌污染，因此必须对所用器材、培养基和工作场所进行灭菌和消毒。灭菌是指杀死一定环境中的所有微生物，包括微生物的营养体、芽孢和孢子。实验室常用的灭菌方法包括直接灼烧、恒温干燥箱灭菌、高压蒸汽灭菌、间歇灭菌、煮沸灭菌等方法。这些方法的基本原理是通过加热使微生物体内蛋白质凝固变性，从而达到灭菌的目的。

三、实验材料

1. 培养基

（1）牛肉膏蛋白胨琼脂培养基（培养细菌用）　牛肉膏 3g，蛋白胨 10g，氯化钠 5g，琼脂 15～20g，自来水 1000mL，pH7.2～7.4。

（2）察氏培养基（培养霉菌用）　蔗糖或葡萄糖 30g，硝酸钠 2g，$K_2HPO_4 \cdot 3H_2O$ 1g，KCl 0.5g，$MgSO_4 \cdot 7H_2O$ 0.5g，$FeSO_4 \cdot 7H_2O$ 0.01g，琼脂 15～20g，蒸馏水 1000mL，pH 值自然。

（3）马铃薯葡萄糖琼脂培养基（简称 PDA，培养真菌用）　马铃薯 200g，葡萄糖（蔗糖）20g，琼脂 15～20g，自来水 1000mL，pH 值自然。

（4）高氏一号培养基（培养放线菌用）　可溶性淀粉 20g，KNO_3 1g，NaCl

0.5g，$K_2HPO_4 \cdot 3H_2O$ 0.5g，$MgSO_4 \cdot 7H_2O$ 0.5g，$FeSO_4 \cdot 7H_2O$ 0.01g，琼脂15～20g，蒸馏水1000mL，pH7.4～7.6。

2. 药品与试剂

各种培养基的组成成分、1mol/L NaOH 和 HCl 溶液。

3. 仪器与其他物品

电子天平、高压蒸汽灭菌锅、移液管、试管、烧杯、量筒、锥形瓶、培养皿、玻璃漏斗、药匙、称量纸、pH 试纸、记号笔、纱布、棉花等。

四、实验流程

称量→溶解→调节 pH 值→加琼脂→过滤→分装→加棉塞→包扎→灭菌→摆斜面或制作平板→无菌检查

五、操作步骤

（一）玻璃器皿的洗涤和包装

1. 玻璃器皿的洗涤

玻璃器皿在使用之前必须洗刷干净。将锥形瓶、试管、培养皿、量筒等浸入含有洗涤剂的水中，用毛刷刷洗，然后用自来水及蒸馏水冲净。移液管先用含有洗涤剂的水浸泡，再用自来水及蒸馏水冲洗。洗刷干净的玻璃器皿置于烘箱中烘干，备用。新购买的玻璃器皿常附有游离碱基，不可直接使用，可在2%盐酸中浸泡数小时后，再用自来水冲洗干净。

2. 灭菌前玻璃器皿的包装

（1）培养皿的包扎　培养皿由一盖一底组成一套，可用报纸将几套培养皿包成一包，包装培养皿时，双手同时折报纸往前卷，并边卷边收边，使报纸贴于培养皿的边缘，最后的报纸边折叠结实即可；或者将几套培养皿直接置于特制的铁皮圆筒内，加盖灭菌。包扎后的培养皿须经灭菌之后才能使用。

（2）移液管的包扎（图 4-1）　先将报纸裁成宽约 5cm 左右的长纸条，然后将移液管尖端放在长条报纸的一端，约成 45°角，折叠纸条包住尖端，用左手握住移液管身，右手将移液管压紧，在桌面上向前搓转，以螺旋式包扎起来。上端剩余纸条，折叠打结，准备灭菌。

（二）培养基的配制过程

1. 称量

一般可用 0.01g 电子天平称量配制培养基所需的各种药品，先按培养基配方计算出各成分的用量，然后进行准确称量。

2. 溶解

将称好的药品置于一烧杯中，先加入少量水（根据实验需要可用自来水或蒸馏水），用玻璃棒搅动，加热溶解。

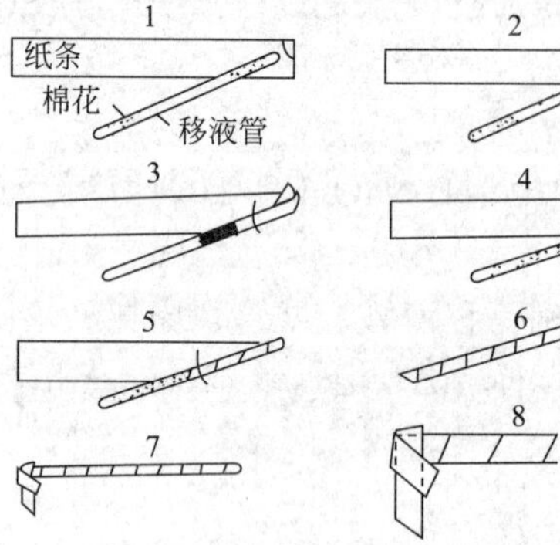

图 4-1　移液管的包装示意图

3. 定容

待全部药品溶解后，倒入一量筒中，加水至所需体积。如某种药品用量太少时，可预先配成较浓溶液，然后按比例吸取一定体积溶液，加入至培养基中。

4. 调节 pH 值

一般用 pH 试纸或 pH 计测定培养基的 pH 值。用剪刀剪出一小段 pH 试纸，然后用镊子夹取此段 pH 试纸，在培养基中蘸一下，观看其 pH 值范围，如培养基偏酸或偏碱时，可用 1mol/L NaOH 或 1mol/L HCl 溶液进行调节。调节 pH 值时，应逐滴加入 NaOH 或 HCl 溶液，并边加边搅拌，充分混匀，防止局部过酸或过碱，破坏培养基中成分。不时用 pH 试纸测试，直至达到所需 pH 值为止。

5. 过滤

用滤纸或多层纱布过滤培养基。一般无特殊要求时，此步可省去。

(三) 培养基的分装

根据不同需要，可将已配好的培养基分装入试管或锥形瓶内，分装时注意不要使培养基沾污管口或瓶口，造成污染。如操作不小心，培养基沾污管口或瓶口时，可用镊子夹一小块脱脂棉，擦去管口或瓶口的培养基，并将脱脂棉弃去。

1. 分装于试管

取一个玻璃漏斗，装在铁架上，漏斗下连一根橡皮管，橡皮管下端再与另一玻璃管相接，橡皮管的中部加一弹簧夹。分装时，用左手拿住空试管中部，并将漏斗下的玻璃管嘴插入试管内，以右手拇指及食指开放弹簧夹，中指及无名指夹住玻璃管嘴，使培养基直接流入试管内（图 4-2）。装入试管培养基的量视试管大小及需要而定，若所用试管大小为 15mm×150mm 时，液体培养基可分装至试管高度 1/4 左右为宜；若分装固体或半固体培养基时，在琼脂完全熔化后，应趁热分装于试管中。用于制作斜面的固体培养基的分装量为管高的 1/5（约 3～4mL），半固体培养

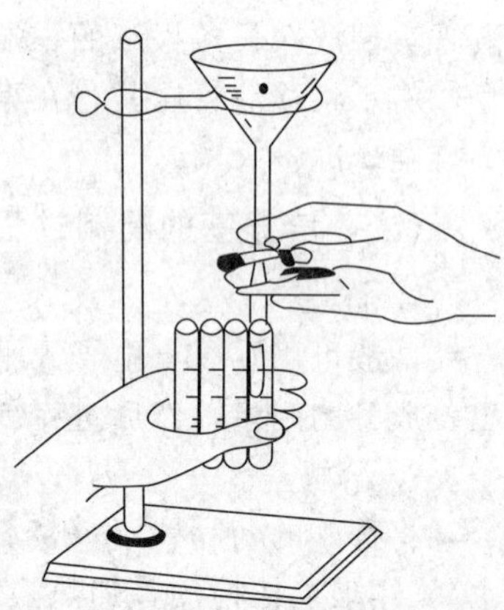
图 4-2　培养基的分装

基分装量为管高的 1/3 为宜。

2. 分装于锥形瓶

用于振荡培养微生物时，可在 250mL 锥形瓶中加入 50～100mL 的液体培养基；用于制作平板培养基用时，可在 250mL 锥形瓶中加入 150mL 培养基，然后再加入 3g 琼脂粉（按 2%计算），灭菌时瓶中琼脂粉会被熔化。

（四）棉塞的制作及试管、锥形瓶的包扎

为了培养好气性微生物，需提供优良的通气条件，同时为防止杂菌污染，则必须对通入试管或锥形瓶内空气预先进行过滤除菌。通常方法是在试管及锥形瓶口加上棉花塞等。

1. 试管棉塞的制作

制棉塞时，应选用大小、厚薄适中的普通棉花一块，铺展于左手拇指和食指扣成的圆孔上，用右手食指将棉花从中央压入圆孔中制成棉塞，然后直接压入试管或锥形瓶口，也可借用玻璃棒塞入；或可用折叠卷塞法来制作棉塞。传统的做法如图 4-3 所示，折叠卷紧，再用一方形的纱布包裹棉塞，线绳系结实即可。

制作的棉塞应紧贴试管或锥形瓶的内壁，不留缝隙，如图 4-4 所示。为防外界微生物沿缝隙侵入，棉塞不宜过紧或过松，塞好后以手提棉塞，试管不下落为准。棉塞的 2/3 在试管内，1/3 在试管外。目前也有采用硅胶塞代替棉塞直接塞在试管口上。将装好培养基并塞好棉塞或硅胶塞的试管捆成一捆，外面包上一层牛皮纸。用记号笔注明培养基名称及配制日期，灭菌待用。

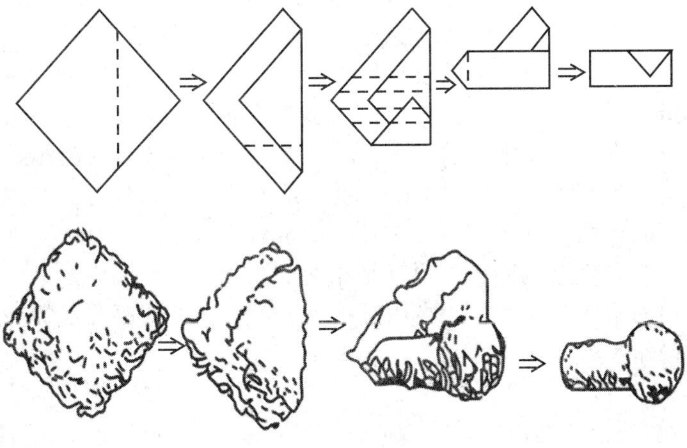

图 4-3　棉塞的制作

2. 锥形瓶棉塞制作

通常在棉塞外包上一层纱布，再塞在瓶口上。有时为了进行液体振荡培养加大通气量，则可用八层纱布代替棉塞包在瓶口上，目前也有采用硅胶塞直接盖在瓶口上。

在装好培养基并塞好棉塞或包扎八层纱布或盖好硅胶塞的锥形瓶口上，再包上一层牛皮纸并用线绳捆好，灭菌待用。

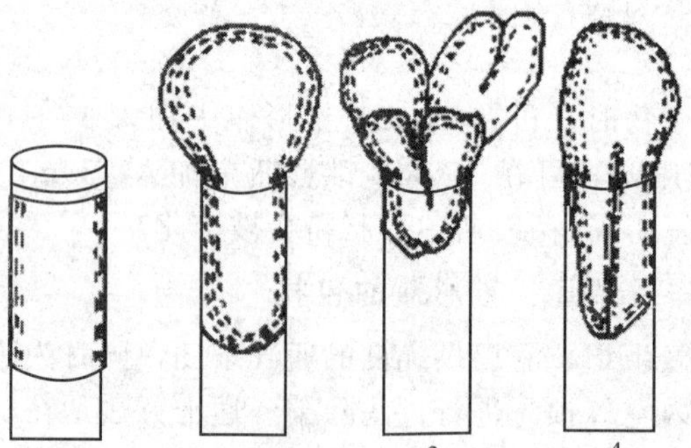

1　　2　　3　　4

图 4-4　正确与不正确的棉塞

1—金属塞；2—正确；3，4—不正确

（五）培养基的灭菌

培养基经分装包扎后，应立即按配制方法规定的灭菌条件进行高压蒸汽灭菌。

高压蒸汽灭菌是将物品放在密闭的高压蒸汽灭菌锅内，在一定的压力下保持121℃，灭菌15～30min。此法适用于培养基、无菌水、工作服等物品的灭菌，也可用于玻璃器皿的灭菌。

将待灭菌的物品放在一个密闭的加压灭菌锅内，通过加热，使灭菌锅夹套间的水沸腾而产生蒸汽。待水蒸气急剧地将锅内的冷空气从排气阀中排尽，然后关闭排气阀，继续加热。此时由于蒸汽不能溢出，而增加了灭菌锅内的压力，从而使沸点增高，获得高于100℃的温度，导致菌体蛋白质凝固变性而达到灭菌的目的。

在相同的温度下，湿热灭菌的效果好于干热灭菌。有三点原因：在湿热灭菌中菌体吸收水分，蛋白质容易凝固变性，蛋白质随着含水量的增加，所需凝固温度降低；湿热灭菌中蒸汽的穿透力比干燥空气大；蒸汽在被灭菌物体表面凝结，释放出大量的汽化潜热，能迅速提高灭菌物体表面的温度，从而增加灭菌效力。

实验室常用的灭菌锅有非自控手提式高压蒸汽灭菌锅（图4-5）和自控式高压蒸汽灭菌锅（图4-6），其结构和工作原理是相同的。

本实验介绍的是非自控手提式高压蒸汽灭菌锅，自控式灭菌锅的使用可参考厂家说明书。具体操作步骤如下。

1. 加水

首先将内层锅取出，再向外层锅内加入适量的水，使水面没过加热蛇管，与三角搁架相平为宜。切勿忘记检查水位导致加水量过少，否则灭菌锅会发生干烧引起炸裂事故。

2. 装料

放回内层锅，并装入待灭菌的物品。注意不要装得太挤，以免妨碍蒸汽流通而影响灭菌效果。装有培养基的容器放置时要防止液体溢出，锥形瓶与试管口端勿与桶壁接触，以免冷凝水淋湿包扎的纸而透入棉塞。

3. 加盖

将盖上与排气孔相连的排气软管插入内层锅的排气槽内，摆正锅盖，对齐螺口，

图 4-5 非自控手提式高压蒸汽灭菌锅

图 4-6 自控式高压蒸汽灭菌锅

然后以对角线方式同时旋紧相对的两个螺栓，使螺栓松紧一致，勿使漏气，并打开排气阀。

4. 排气

打开电源加热灭菌锅，将水煮沸，使锅内的冷空气和水蒸气一起从排气孔中排出。一般认为当排出的气流很强并有嘘声时，表明锅内的空气已排尽，沸腾后约需5min。注意：锅内的冷空气必须完全排尽后，才能关闭排气阀，维持所需压力。

5. 升压

冷空气完全排尽后，关闭排气阀，继续加热，锅内压力开始上升。

6. 保压

当压力表指针达到所需压力时，控制电源，开始计时并维持压力至所需的时间。如本实验中采用0.1MPa，121℃，灭菌20min。

7. 降压

达到灭菌所需的时间后，切断电源，让灭菌锅温度自然下降，当压力表的压力降至“0”后，方可打开排气阀，排尽余下的蒸汽，旋松螺栓，打开锅盖，取出灭菌物品，倒掉锅内剩水。压力一定要降到“0”后，才能打开排气阀，开盖取物，否则就会因锅内压力突然下降，使容器内的培养基或试剂由于内外压力不平衡而冲出容器口，造成瓶口被污染，甚至灼伤操作者。

8. 无菌检查

将已灭菌的培养基放入37℃恒温培养箱培养24h，检查无杂菌生长后，即可使用。

（六）斜面和平板的制作

1. 斜面的制作

将已灭菌装有琼脂培养基的试管趁热置于书本边缘或玻棒上，使成适当斜度，凝固后即成斜面，如图4-7所示。斜面长度不超过试管长度1/2为宜。如制作半固体或固体深层培养基时，灭菌后则应垂直放置至凝固。

2. 平板的制作

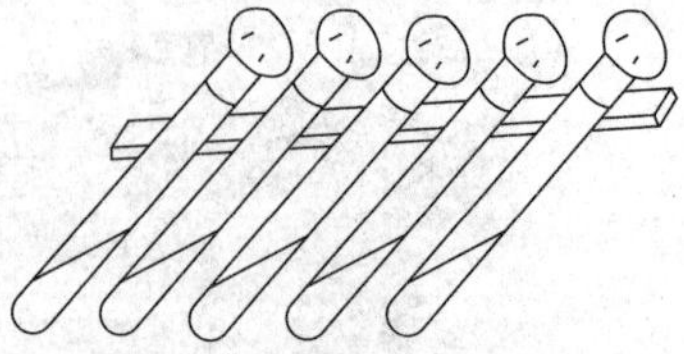

图 4-7 试管斜面的制作

将分装在锥形瓶中已灭菌的培养基，待冷至50℃左右倾入无菌培养皿中。温度过高时，皿盖上的冷凝水太多；温度低于 50℃，培养基易于凝固而无法制作平板。

制作平板通常有培养皿架法和培养皿手持法，如图 4-8 所示。平板的制作应在火旁进行，左手拿培养皿，右手拿锥形瓶的底部，左手同时用小指和手掌将棉塞打开，灼烧瓶口，用左手大拇指将培养皿盖打开一缝，至瓶口正好伸入，倾入 10～15mL 培养基，迅速盖好皿盖，置于桌上，轻轻旋转平皿，使培养基均匀分布于整个平皿中，冷凝后即成平板。

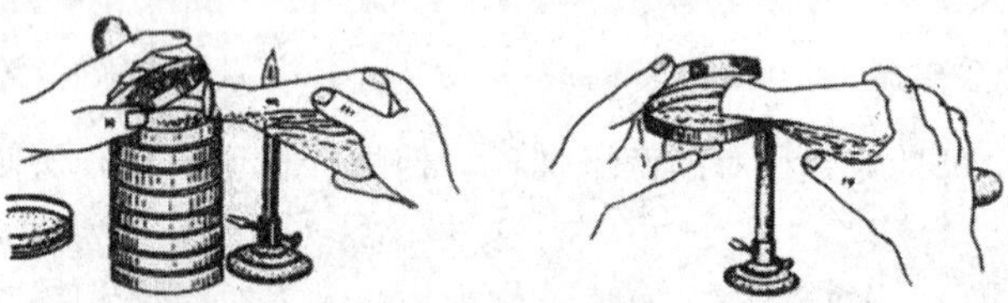

(a)　　(b)

图 4-8 制作平板

(a) 培养皿架法；(b) 培养皿手持法

(七) 培养基的灭菌检查

制作的斜面和平板，一般需进行无菌检查。通常取出 1～2 管（板），置于 37℃恒温培养箱中培养 24～48h，确定无菌后方可使用。

(八) 无菌水的制备

在每个 250mL 的锥形瓶内装 100mL 的蒸馏水并塞上棉塞或硅胶塞。在每支试管内装 4.5mL 蒸馏水，塞上棉塞或硅胶塞，再在棉塞上包上一张牛皮纸，高压蒸汽灭菌 20～30min。

六、实验结果及报告

1. 如何检验灭菌后的培养基是否合格？你做的培养基合格吗？
2. 你制作的棉塞是否合格？从灭菌锅中取出时是否有脱落？

七、思考题

1. 简述移液管和培养皿的包扎注意事项。
2. 简述配制培养基的基本步骤及注意事项。
3. 培养基配制好后，为什么要立即灭菌？
4. 高压蒸汽灭菌为什么比干热灭菌要求温度低、时间短？
5. 高压蒸汽灭菌开始之前，为什么要将锅内冷空气排尽？灭菌完毕后，为什么要待降到 0 时才能打开排气阀，开盖取物？

附：干热灭菌法

干热灭菌是在电热干燥箱内利用高温干燥空气（160～170℃）进行灭菌，它是利用高温使微生物细胞内的蛋白质凝固变性而达到灭菌目的。此法适用于玻璃器皿如移液管、试管、培养皿和金属工具等的灭菌。培养基、橡胶制品、塑料制品不能采用干热灭菌。

细胞内的蛋白质凝固性与其本身的含水量有关，在菌体受热时，当环境和细胞内含水量越大，则蛋白质凝固就越快；反之含水量越小，凝固越慢。因此，与湿热灭菌相比，干热灭菌所需温度高（160～170℃）、时间长（1～2h）；但干热灭菌温度不能超过180℃，否则，包扎器皿的报纸或棉塞就会被烧焦，甚至引起燃烧。

具体操作步骤如下。

1. 装入待灭菌物品

将包好的待灭菌物品放入电热干燥箱内，关好箱门。堆积时要留有空隙，物品不要摆放得太挤，以免妨碍空气流通，灭菌物品不要接触电热干燥箱内壁的铁板、温度探头，以防包装纸烤焦起火。

2. 升温

接通电源，打开开关，适当打开电热干燥箱顶部的排气孔，旋动恒温调节器，使温度逐步上升。当温度升至100℃时，关闭排气孔。在升温过程中，如果红灯熄灭，绿灯亮，表示电热干燥箱内停止加温，此时如果还未达到所需的160～170℃，则需要转动温度调节器使红灯亮。如此反复调节，直至达到所需的温度。

3. 恒温

当温度升到160～170℃时，借助恒温调节器的自动控制，保持此温度2h。干热灭菌过程中，严防恒温调节的自动控制失灵而造成安全事故。

4. 降温

切断电源，自然降温。

5. 开箱取物

待电热干燥箱内温度降到60℃以下后，才能打开箱门，取出灭菌物品。同时，应将温度调节旋钮调到零点，并打开排气孔。电热干燥箱内温度未降到60℃以前，切勿自行打开箱门，以免骤然降温导致玻璃器皿炸裂。

实验五　微生物的分离、纯化和培养技术

一、实验目的

1. 学习无菌操作技术。
2. 掌握几种分离纯化微生物的基本方法。
3. 重点掌握常用的平板划线分离技术和斜面接种技术。
4. 了解不同类型微生物的培养条件。

二、实验原理

纯种分离技术是食品微生物学中重要的基本技术之一。在食品、土壤、水、空气或人及动、植物体中，不同种类的微生物绝大多数都是混杂生活在一起，当我们希望获得某一种微生物时，就必须从混杂的微生物类群中分离它，以得到只含有这一种微生物的纯培养，这种获得纯培养的方法称为微生物的分离与纯化。

一般根据该微生物对营养、酸碱度、氧等条件要求的不同，供给它适宜的培养条件，或加入某种抑制剂造成只利于此菌生长，而抑制其他菌生长的环境，从而淘汰其他一些不需要的微生物，再用稀释涂布平板法或稀释混合平板法或平板划线分离法等分离、纯化该微生物，直至得到纯菌株。

细菌和放线菌是喜中性或微碱性环境，但细菌比放线菌生长快。分离放线菌时，在样品稀释液或高氏一号培养基中添加数滴10%的酚液。酵母菌和霉菌都喜酸性环境，在分离酵母菌和霉菌时只要选择合适的培养基和pH值，即可以抑制细菌的生长。一般在培养基临用前添加灭菌的乳酸，以降低培养基的pH值至3.5，或添加链霉素、青霉素等抑制细菌的生长。有时分离霉菌时，为了抑制菌丝蔓延生长，在马丁氏培养基中还加入去氧胆酸钠。微生物四大类群的分离培养基、培养温度、培养时间见表5-1。

表5-1 四大类微生物类群的分离和培养

分离类群	分离方法	培养基名称	培养温度	培养时间
细菌	倾注、划线、涂布	牛肉膏蛋白胨	37℃	1～2天
放线菌	倾注、划线、涂布	高氏一号	28℃	5～7天
霉菌	倾注、划线、涂布	马铃薯葡萄糖琼脂	25～28℃	3～5天
酵母菌	倾注、划线、涂布	马铃薯葡萄糖琼脂	26～30℃	2～3天

微生物在固体培养基上生长形成单个菌落，通常是由一个细胞繁殖而成的集合体，因此，可以通过挑取单菌落而获得一种纯培养。获取单菌落的方法包括稀释倾注平板、稀释涂布平板或平板划线等操作分离技术。

三、实验材料

1. 菌源

选择土壤采样点之后，铲去表层土2～5cm，取5～10cm深处的土壤样品，放入已灭菌的金属筒中，冰箱保存。样品采集后及时分离。

2. 培养基

(1) 牛肉膏蛋白胨琼脂培养基（培养细菌用）　牛肉膏3g，蛋白胨10g，氯化钠5g，琼脂15～20g，自来水1000mL，pH7.2～7.4。

(2) 察氏培养基（培养霉菌用）　蔗糖或葡萄糖30g，硝酸钠2g，$K_2HPO_4 \cdot 3H_2O$ 1g，KCl 0.5g，$MgSO_4 \cdot 7H_2O$ 0.5g，$FeSO_4 \cdot 7H_2O$ 0.01g，琼脂15～20g，

蒸馏水 1000mL，pH 值自然。

(3) 马铃薯葡萄糖琼脂培养基（简称 PDA，培养真菌用） 马铃薯 200g，葡萄糖（蔗糖）20g，琼脂 15～20g，自来水 1000mL，pH 值自然。

(4) 高氏一号培养基（培养放线菌用） 可溶性淀粉 20g，KNO_3 1g，NaCl 0.5g，$K_2HPO_4 \cdot 3H_2O$ 0.5g，$MgSO_4 \cdot 7H_2O$ 0.5g，$FeSO_4 \cdot 7H_2O$ 0.01g，琼脂 15～20g，蒸馏水 1000mL，pH7.4～7.6。

3. 药品与试剂

各种培养基的组成成分、1mol/L NaOH 和 HCl 溶液、10%酚液、无菌生理盐水、链霉素、80%乳酸、75%酒精。

4. 仪器与其他物品

电子天平、高压蒸汽灭菌锅、移液管、试管、烧杯、量筒、锥形瓶、无菌培养皿、玻璃漏斗、药匙、称量纸、玻璃珠、pH 试纸、记号笔、三角形无菌玻璃涂棒、试管架等。

四、实验流程

培养基制备→倒平板→制备土壤悬液→涂布或划线→培养→纯化→保藏

五、操作步骤

(一) 制备样品稀释液

称取土样 10g，放入盛 90mL 生理盐水并装有玻璃珠的锥形瓶中，振荡约 20～30min，将土壤与生理盐水充分混合，将细胞分散。用一支 1mL 无菌吸管从中吸取 1mL 土壤悬液注入盛有 9mL 无菌水的试管中，吹吸三次，使充分混匀。然后再用一只无菌吸管从此试管中吸取 1mL 注入另一装有 9mL 无菌水的试管中，以此类推，制成 10^{-1}、10^{-2}、10^{-3}、10^{-4}、10^{-5}、10^{-6}、10^{-7}稀释度的土壤溶液。

注意事项：每次稀释要充分混合均匀，并且每一个梯度的稀释液要更换一支新的灭菌移液管。

(二) 平板接种培养

平板分离培养法有稀释倾注平板法、稀释涂布平板法和平板划线分离法三种。

1. 稀释倾注平板法

(1) 加样 取灭菌培养皿 12 套，分别用记号笔标明 10^{-2}～10^{-7}稀释度各 2 套。用 1mL 无菌吸管分别吸取 10^{-2}～10^{-7}稀释液各 1mL，倾注于相应编号的无菌平皿中，每个稀释度接种两个平板。

(2) 制作平板 取熔化后冷却到 45～50℃的牛肉膏蛋白胨琼脂培养基、高氏一号培养基和马铃薯葡萄糖琼脂培养基，分别倒入相应编号的无菌平皿中约 15mL，置水平位置迅速轻轻旋动平皿，使培养基与稀释液混匀，而又不使培养基荡出平皿或溅到平皿盖上。每个稀释度倒两个平皿。

(3) 培养 待培养基凝固后，将牛肉膏蛋白胨平板倒置于恒温培养箱中，37℃培养 1～2 天，高氏一号和马铃薯葡萄糖琼脂平板倒置于 28℃恒温培养箱中培养 3～5 天。

2. 稀释涂布平板法

(1) 制作平板　取无菌平皿 12 套，分别用记号笔标明 10^{-2}～10^{-7} 稀释度各 2 套。分别将牛肉膏蛋白胨培养基、高氏一号培养基、马铃薯葡萄糖琼脂培养基分别加热熔化，待冷却至 55～60℃时，高氏一号培养基中加入 10%酚液数滴，马铃薯葡萄糖琼脂培养基中每 100mL 加入灭菌的乳酸 1mL，混合均匀后，分别倒平板，平放在实验台面上待凝固后使用。每种培养基制作 4 个。

(2) 涂布　用 1mL 无菌吸管分别由 10^{-2}～10^{-7} 稀释液中各吸取 0.1mL 或 0.2mL，依次滴加于相应编号平板培养基表面中央位置。在火焰旁左手拿培养皿，并用拇指将皿盖打开一条缝，右手持无菌三角形玻璃涂棒于平板培养基表面，将稀释液自平板中央以同心圆方向轻轻向外涂布扩散，使之均匀分布。室温下，静置 3～5min，使稀释液浸入培养基。

(3) 培养　将牛肉膏蛋白胨平板倒置于恒温培养箱中（以免培养过程中皿盖冷凝水滴下，冲散已分离的菌落），37℃培养 1～2 天，高氏一号和马铃薯葡萄糖琼脂平板倒置于 28℃恒温培养箱中培养 3～5 天。

3. 平板划线分离法

(1) 制作平板　取无菌平皿 12 套，分别用记号笔标明 10^{-2}～10^{-7} 稀释度各 2 套。将牛肉膏蛋白胨培养基、高氏一号培养基、马铃薯葡萄糖琼脂培养基分别加热熔化，待冷却至 55～60℃时，高氏一号培养基中加入 10%酚液数滴，马铃薯葡萄糖琼脂培养基中加入每 100mL 加入灭菌的乳酸 1mL，混合均匀后，分别倒平板，平放在实验台面上待凝固后使用。每种培养基倒 4 个平皿。

(2) 划线　在酒精灯火焰处，左手拿皿底，右手拿接种环，挑取上述 10^{-2} 的土壤悬液一环在上述三种培养基平板上划线，划线完毕。将牛肉膏蛋白胨平板倒置于恒温培养箱中（以免培养过程中皿盖冷凝水滴下，冲散已分离的菌落）37℃培养 1～2 天，高氏一号和马铃薯葡萄糖琼脂平板倒置于 28℃恒温培养箱中培养 3～5 天。培养后，在划线平板上观察沿划线处长出的菌落形态特征，经涂片、染色和镜检为纯种后，再接种斜面。平板划线无论采用哪种方式，目的都是通过划线将分离样品在平板上进行稀释，使之形成单个菌落。常用的划线分离方式有连续划线法和分区划线法，如图 5-1 所示。

① 连续划线法　无菌条件下，用接种环挑取 10^{-2} 土壤悬液一环，先在平板培养基的边缘一处划线涂布，然后取出接种环，灼烧多余菌体。待接种环在培养基空白边缘处接触一下冷却后，从涂菌部位在平板上自左向右轻轻划线。当划至平皿的另一半时，旋转平皿 180°角，再于平皿的另一半培养基的边缘继续划线。划线时接种环面与培养基表面成 30°～40°角，用手腕力量在平板表面轻轻地做“之”字形滑动。

② 分区划线法　用接种环以无菌操作挑取 10^{-2} 土壤悬液一环，先在平板培养基的一边做第一次平行划线 3～4 条，再转动培养皿约 70°角，并将接种环上剩余菌液烧掉；待冷却后通过第一次划线部分做第二次平行划线，再用同样的方法通过第二次划

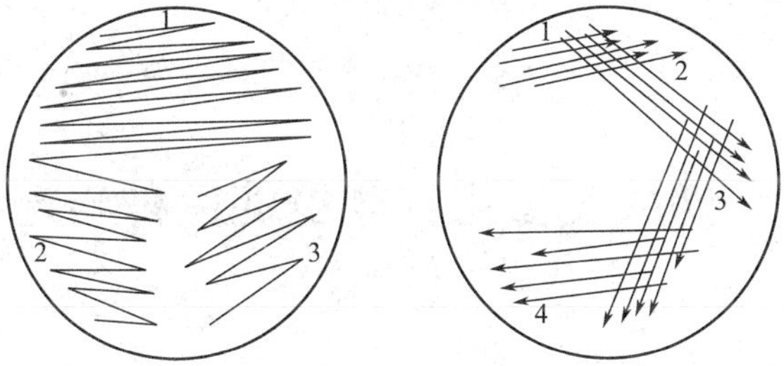

(a) 连续划线法　　(b) 分区划线法

图 5-1　划线

线部分做第三次平行划线和通过第三次划线部分做第四次平行划线。

（三）纯化培养

采用平板分离培养法长出肉眼可见的菌落，不同菌株的菌落形态特征各异，据此可在一定程度上鉴别微生物。从分离平板中选择目的菌株的菌落进行纯化培养。

（四）菌种保藏

将平板分离培养得到的单菌落在无菌操作下分别接种到各支斜面培养基上，以便做进一步扩大培养或鉴定、保藏之用。具体接种方法：左手持平板，右手拿接种环。在酒精灯火焰旁用拇指、食指和中指将皿盖掀开一条缝，将烧过的接种环先在空白培养基处冷却，然后挑取菌落，取出带菌的接种环在火焰无菌区（10cm 之内）稍等片刻，此时左手将平板放下，拿起一支斜面培养基试管，以小拇指和手掌拔出棉塞，迅速将带菌接种环伸入试管，于斜面自下而上曲折划线接种。对于霉菌一般用点植法接种。

注意事项：接种过程要迅速，勿用力划破培养基。

六、实验结果及报告

1. 所做的倾注平板法、涂布平板法和平板划线法是否都得到了单菌落？如果不是，请分析原因并重做。

2. 在不同的培养基平板上分离得到了哪些类群的微生物？请对这些类群的微生物的菌落特征进行描述。

3. 选择刚好能把菌分开，而稀释倍数最低的平板（一般含菌落 30～300 个），计算每克土样中微生物的数量：

$$微生物的细胞数（个/g）=\frac{平均菌落数\times稀释倍数}{样品质量（g）}$$

七、思考题

1. 为什么在分离霉菌时要加入几滴 80％的乳酸？为什么在分离放线菌时要加入 10％苯酚？

2. 在平板划线法中，为什么每次都需将接种环上的剩余菌液烧掉？

3. 用稀释法分离，怎样保证准确并防止污染？用划线法分离，怎样保证得到相互分离的菌落？由菌落如何得到纯培养菌种？

4. 培养微生物时应考虑哪些因素？为什么要将培养基倒置培养？

实验六　四大类微生物类群的接种与培养技术

一、实验目的

1. 了解无菌操作在微生物接种过程中的重要性。
2. 掌握几种常用的微生物接种技术。
3. 掌握细菌、放线菌、酵母菌和霉菌的液体培养、斜面培养与平板培养方法。

二、实验原理

将微生物的培养物或含有微生物的样品在无菌条件下移植到新的灭菌培养基上的操作技术就称之为接种。接种是食品微生物学实验及科学研究中的一项最基本的操作技术。无论是微生物的分离、培养、纯化或鉴定以及微生物的形态观察和生理研究都需要进行接种。

为了保证接种的成功，首先必须创造无菌的操作环境，一般需要在无菌室或超净工作台和酒精灯火焰旁进行接种。其次操作用到的器皿、培养基、移液管等需要事先灭菌。再者实验操作人员需要用75%酒精棉球对双手及不能高压蒸汽灭菌的用具进行消毒灭菌。最后操作的程序和过程要正确、迅速。

由于目的不同，可采用不同的接种方法，如斜面接种、穿刺接种或三点接种等，以获得生长良好的纯种微生物。选择一种好的接种方法，对于微生物的分离、纯化、增殖和鉴别等都很重要。因接种方法的不同，常需采用不同的接种工具，如接种环、接种针、移液管和涂布棒等。

在培养四大类微生物类群时，要注意确定适宜的培养条件。多数细菌为专性好氧与兼性厌氧菌，少数为专性厌氧菌。多数食品腐败微生物菌类和工业用菌种的最适生长温度约为37℃，并且在近中性环境中生长良好。多数放线菌为好氧菌，生长最适温度为28～30℃，多数生长在中性偏碱性环境中。酵母菌为兼性厌氧菌，生长最适温度为25～28℃，并且在偏酸性环境中生长。霉菌为好氧菌，其适宜温度为28～30℃，并且在偏酸性和空气相对湿度95%以上的环境中生长良好。

三、实验材料

1. 菌种

大肠杆菌 *Escherichia coli*、啤酒酵母 *Saccharomyces cerevisiae*、黑曲霉 *Aspergillus niger*、细黄链霉菌 *Streptomyces microflavus* 等斜面菌种和菌悬液。

2. 培养基

(1) 牛肉膏蛋白胨琼脂培养基（培养细菌用）　牛肉膏3g，蛋白胨10g，氯化钠

5g，琼脂 15～20g，自来水 1000mL，pH7.2～7.4。

(2) 察氏培养基（培养霉菌用） 蔗糖或葡萄糖 30g，硝酸钠 2g，$K_2HPO_4 \cdot 3H_2O$ 1g，KCl 0.5g，$MgSO_4 \cdot 7H_2O$ 0.5g，$FeSO_4 \cdot 7H_2O$ 0.01g，琼脂 15～20g，蒸馏水 1000mL，pH 值自然。

(3) 马铃薯葡萄糖琼脂培养基（简称 PDA，培养真菌用） 马铃薯 200g，葡萄糖（蔗糖）20g，琼脂 15～20g，自来水 1000mL，pH 值自然。

(4) 高氏一号培养基（培养放线菌用） 可溶性淀粉 20g，KNO_3 1g，NaCl 0.5g，$K_2HPO_4 \cdot 3H_2O$ 0.5g，$MgSO_4 \cdot 7H_2O$ 0.5g，$FeSO_4 \cdot 7H_2O$ 0.01g，琼脂 15～20g，蒸馏水 1000mL，pH7.4～7.6。

(5) 牛肉膏蛋白胨液体培养基 牛肉膏 3g，蛋白胨 10g，氯化钠 5g，自来水 1000mL，pH7.2～7.4。

3. 药品与试剂

各种培养基的组成成分、1mol/L NaOH 和 HCl 溶液、生理盐水等。

4. 仪器与其他物品

电子天平、超净工作台、高压蒸汽灭菌锅、恒温培养箱、酒精灯、试管架、接种针、接种环、接种钩、滴管、三角形玻璃涂棒、试管、烧杯、量筒、锥形瓶、培养皿、玻璃漏斗、药匙、称量纸、pH 试纸、记号笔等。

四、实验流程

准备工作→接种→培养

五、实验步骤

（一）斜面接种

由已长好微生物的斜面中挑取少量菌种接种至另一空白斜面培养基上。超净工作台紫外线灭菌 30min。点燃酒精灯，并用 75%酒精棉球消毒双手。接种具体操作如下。

(1) 接种前用记号笔在距试管口 2～3cm 位置上注明菌名、接种日期等。

(2) 将试管放于手掌中，并用手指夹住，使两支试管呈“V”字形，管口对齐朝向酒精灯火焰，用右手在火焰旁旋松两试管棉塞，以便接种时易拔出，并同时灼烧试管口。

(3) 右手持接种环用火焰灼烧变红灭菌，然后将接种环来回通过火焰数次，并不断转动金属柄在火焰上灼烧灭菌。

(4) 用小指、无名指和手掌拔下试管塞，并始终持于手中。

(5) 将试管口在火焰上微烧一周。

(6) 将烧过的接种环伸入菌种管内，先将环接触管壁或无菌的培养基部分，使其冷却，以免烫死菌体，然后用环在菌苔上轻轻地接触，刮下少许培养物，将接种环慢慢从试管中抽出，迅速地伸入另一待接种试管中，在斜面上划线（波浪或直线），使菌体粘在培养基上。

注意：不同微生物类群的接种方式不同。

① 细菌和放线菌　由斜面培养基的底部自下而上来回做“Z”字形密集划线，一直划到斜面顶部，但切勿用力以免划破培养基表面。

② 真菌　对于酵母菌以及菌落为局限性生长的菌类（曲霉、青霉等）采用斜面上下涂布法接种，即在斜面的中央自下而上划一直线。对于菌落为扩散性生长的菌类（根霉、毛霉等）则采用“点植法”接种，即在斜面的中央处以一点接种。

③ 担子菌类（灵芝、茯苓等）　常以挖块接种，即挖取菌丝体连同少量培养基一起移植到斜面培养基的表面。

(7) 将接种环抽出，灼烧管口。迅速塞紧棉塞，以免脱落。

(8) 将接种环经火焰灼烧灭菌。

(9) 将牛肉膏蛋白胨平板倒置于恒温培养箱中（以免培养过程中皿盖冷凝水滴下，冲散已分离的菌落），37℃培养 1～2 天；高氏一号和马铃薯葡萄糖琼脂平板倒置于 28℃恒温培养箱中培养 3～5 天。

（二）液体接种

由斜面菌种或液体培养物接种至液体培养基中的方法。

1. 斜面培养物接种至液体培养基

如果接种量较小，可用接种环无菌操作直接从斜面上蘸取少许菌苔，将带菌的接种环在有液体的试管壁上轻轻研磨，或将接种环在液体内振摇几次，使得菌体充分分散到液体培养基中。

如果接种量较大，可事先在斜面菌种管中注入一定量的无菌生理盐水，用接种环将菌苔刮下分散开，随后将菌液倒入液体培养基中。

2. 液体培养物接种液体培养基

无菌条件下，用接种环蘸取一定量的液体培养物接种至新鲜的液体培养基中即可。即分别取已培养好的细菌和放线菌斜面培养物 1～2 环，分别接种于牛肉膏蛋白胨和高氏一号液体培养基试管中，细菌于 37℃培养 1～2 天，放线菌于 28℃培养 2～3 天。取酵母菌斜面菌苔 1～2 环接种于马铃薯葡萄糖液体培养基试管中，28℃培养 1 天。另用蘸有无菌生理盐水的接种环取斜面少量霉菌孢子和菌丝接种与马铃薯葡萄糖液体试管或锥形瓶中（深度约 1～3cm），于 26～30℃静置培养 1～2 天。

根据实际情况，也可用移液管吸取菌种培养液至新鲜的液体培养基中。即先将吸管包装纸在 2/3 长度处截开，拔出移液管，通过火焰伸入菌种管内，吸取定量菌液注入待接种的液体培养基内，然后灼烧管口，并迅速塞好棉塞，摇匀后进行培养。培养条件同上。

（三）穿刺接种

穿刺接种是将菌种接种到半固体高层培养基中的方法。这是常用来接种厌氧菌，检查细菌运动性，或保藏菌种的一种接种方法。接种工具用笔直的接种针，而不能使用接种环。接种柱状高层或半高层斜面培养管时，应向培养基中心穿刺，一直插到接近管底（勿穿透培养基），再沿原路抽出接种针。穿刺时，手要稳，以使穿刺线整齐，便于观察生长结果。

用接种针下端挑取细菌斜面培养物，采用上述穿刺接种法接种至牛肉膏蛋白胨半固体高层培养基试管中，于37℃培养1～2天后，观察菌苔生长情况。

具有运动能力的细菌，经穿刺培养后，能沿穿刺线向外扩散生长，菌苔边缘不整齐。不具有运动能力的细菌仅沿穿刺线生长。

（四）平板接种

平板接种就是用接种环将菌种接种至平板培养基上，或用无菌吸管将定量菌液接种至平板培养基上的方法。此法主要用于观察菌落特征、分离纯化菌种和平板活菌计数。其接种方式有倾注接种、涂布接种、划线接种和点植接种，可根据实验目的和需要具体选用。前三种平板接种方式已经在实验五中详述，下面主要介绍点植法（三点）接种方式。

要获得霉菌的单菌落，宜在平板上用三点接种法接种。即用接种针蘸取少量霉菌孢子，在琼脂平板上点成等边三角形的三点。经培养后，每皿形成三个菌落。其优点不但在一个培养皿上同种菌落有三个重复，更重要的是在菌落彼此相接近的边缘，常留有一条狭小的空白地带，此处菌丝生长稀疏，较透明，还分化出稀落的典型子实器，因此可以直接把培养皿放在低倍镜下观察，便于根据形态特点进行菌种的鉴定。这是单点接种法所难以做到的。具体操作步骤如下。

1. 倒平板

将已灭菌的马铃薯琼脂培养基加热熔化，待冷却至50～55℃左右（手握不觉得太烫为宜）后，用无菌操作法倒平板。凝固后，在培养皿底部贴上标签著名菌名、日期等。

2. 接种

用接种针从菌种斜面上分别挑取少量菌种孢子（产黄青霉等），点接到对应的平板上。操作要点如下。

① 标明三点位置　欲使点接的三点分布均匀，可用记号笔先在平板底部以等边三角形状标上三点。

② 取接种针　拿接种针，先在火焰上烧红灭菌，并在平板培养基的边缘冷却，蘸湿。

③ 蘸取孢子　接种针伸入菌种管，用针尖蘸取少量菌种孢子。

④ 点接　以垂直法或水平法把接种针上沾着的孢子以垂直的方向轻轻点接到平板培养基表面预先作好标记的部位。注意在点接时切勿刺破培养基。

3. 培养

将点接好的平板倒置于28℃恒温箱中培养3～5天，观察菌落生长情况。

六、实验结果与报告

1. 检查接种后培养物的生长情况和染菌情况。

2. 为防止斜面接种时杂菌污染，我们在操作时应该注意哪些事项？

3. 三点接种适合所有微生物种类接种吗？你接种的平板上是否仅长出三个菌落？菌落特征是否一致？分析原因。

4. 分别记录并描绘平板划线、斜面、半固体和液体接种的微生物生长情况和培养特征。

七、思考题

1. 接种前后为什么均要在酒精灯火焰上对接种环进行灼烧灭菌？

2. 为什么要待接种环冷却后才能挑取菌种？是否可以将接种环放在超净工作台上冷却？我们如何知道接种环是否已经冷却？

实验七　四大类微生物类群菌落形态特征的识别

一、实验目的

1. 熟悉细菌、放线菌、酵母菌和霉菌的菌落形态特征。

2. 掌握识别四大类微生物菌落形态的依据和要点，并能应用于识别未知菌落。

二、实验原理

掌握识别四大类微生物菌落形态的要点对于从事菌种的筛选、杂菌的识别和菌种鉴定等项工作都有重要意义。菌落是由某一微生物的少数细胞或孢子在固体培养基表面繁殖后所形成的子细胞群体，因此，菌落形态在一定程度上是个体细胞形态和结构在宏观上的反映。由于每一大类微生物都有其独特的细胞形态，因而其菌落形态特征也各异。在四大类微生物的菌落中，细菌和酵母菌的形态较接近，放线菌和霉菌形态较相似。

（一）细菌和酵母菌的异同

1. 相同点

细菌和多数酵母菌都是单细胞微生物。菌落中各细胞间都充满毛细管水、养料和某些代谢产物，因此，细菌和酵母菌的菌落形态具有类似的特征，如湿润、较光滑、较透明、易挑起、菌落正反面及边缘、中央部位的颜色一致，且菌落质地较均匀等。

2. 不同点

（1）细菌　由于细胞小，故形成的菌落也较小，较薄、较透明，且有“细腻”感。不同的细菌会产生不同的色素，因此常会出现五颜六色的菌落。此外，有些细菌具有特殊的细胞结构，因此，在菌落形态上也有所反映，如无鞭毛不能运动的细菌其菌落外形较圆而凸起；有鞭毛能运动的细菌其菌落往往大而扁平，周缘不整齐，而运动能力特强的细菌则出现更大、更扁平的菌落，其边缘从不规则、缺刻状直至出现迁居性的菌落，例如变形杆菌属和菌种。具有荚膜的细菌其菌落更黏稠、光滑、透明。荚膜较厚的细菌其菌落甚至呈透明的水珠状。有芽孢的细菌常因其折射率和其他原因而使菌落呈粗糙、不透明、多皱褶等特征。细菌还常因分解含氮有机物而产生臭味，这也有助于菌落的识别。

（2）酵母菌　由于细胞较大（直径约比细菌大10倍）且不能运动，故其菌落一般比细菌大、厚而且透明度较差。酵母菌产生色素较为单一，通常呈矿蜡色，少数为橙红色，个别是黑色。但也有例外，如假丝酵母因形成藕节状的假菌丝，故细胞易向外圈蔓延，造成菌落大而扁平和边缘不整齐等特有形态。酵母菌因普遍能发酵含碳有机物而产生醇类，故其菌落常伴有酒香味。

（二）放线菌和霉菌的异同

1. 相同点

放线菌和霉菌的细胞都是丝状的，当生长于固体培养基上时有营养菌丝（或基内菌丝）和气生菌丝的分化。气生菌丝向空间生长，菌丝之间无毛细管水，因此菌落外观呈干燥、不透明的丝状、绒毛状或皮革状等特征。由于营养菌丝伸入培养基中使菌落和培养基连接紧密，故菌丝不易被挑起。由于气生菌丝、孢子和营养菌丝颜色不同，常使菌落正反面呈不同颜色。丝状菌是以菌丝顶端延长的方式进行生长的，越接近菌落中心的气生菌丝其生理年龄越大，也越早分化出子实器官或分生孢子，从而反映在菌落颜色上的变化。一般情况下，菌落中心的颜色常比边缘深。有些菌的气生菌丝还会分泌出水溶性色素并扩散到培养基中而使培养基变色。有些菌的气生菌丝在生长后期还会分泌液滴，因此，在菌落上出现“水珠”。

2. 不同点

（1）放线菌　放线菌属原核生物，其菌丝纤细，生长较慢，气生菌丝生长后期逐渐分化出孢子丝，形成大量的孢子，因此菌落较小，表面呈紧密的绒状或粉状等特征。由于菌丝伸入培养基中常使菌落边缘的培养基呈凹状。不少放线菌还产生特殊的土腥味或冰片味。

（2）霉菌　霉菌属真核生物，它们的菌丝一般较放线菌粗（几倍）且长（几倍至几十倍），其生长速度比放线菌快，故菌落大而疏松或大而紧密。由于气生菌丝会形成一定形状、构造和色泽的子实器官，所以菌落表面往往有肉眼可见的构造和颜色。

三、实验材料

1. 菌种

细菌类：大肠杆菌 *Escherichia coli*、金黄色葡萄球菌 *Staphylococcus aureus*、枯草芽孢杆菌 *Bacillus subtilis*。

酵母菌类：酿酒酵母 *Saccharomyces cerevisiae*、热带假丝酵母 *Candida tropicalis*。

放线菌类：细黄链霉菌 *Streptomyces microflavus*、灰色链霉菌 *Streptomyces griseus*。

霉菌类：产黄青霉 *Penicillium chrysogenum*、黑曲霉 *Aspergillus niger*、构巢曲霉 *Aspergillus nidulans*。

2. 培养基

（1）牛肉膏蛋白胨琼脂培养基（培养细菌用）　牛肉膏3g，蛋白胨10g，氯化钠

5g，琼脂 15～20g，自来水 1000mL，pH7.2～7.4。

（2）察氏培养基（培养霉菌用） 蔗糖或葡萄糖 30g，硝酸钠 2g，$K_2HPO_4 \cdot 3H_2O$ 1g，KCl 0.5g，$MgSO_4 \cdot 7H_2O$ 0.5g，$FeSO_4 \cdot 7H_2O$ 0.01g，琼脂 15～20g，蒸馏水 1000mL，pH 值自然。

（3）马铃薯葡萄糖琼脂培养基（简称 PDA，培养真菌用） 马铃薯 200g，葡萄糖（蔗糖）20g，琼脂 15～20g，自来水 1000mL，pH 值自然。

（4）高氏一号培养基（培养放线菌用） 可溶性淀粉 20g，KNO_3 1g，NaCl 0.5g，$K_2HPO_4 \cdot 3H_2O$ 0.5g，$MgSO_4 \cdot 7H_2O$ 0.5g，$FeSO_4 \cdot 7H_2O$ 0.01g，琼脂 15～20g，蒸馏水 1000mL，pH7.4～7.6。

3. 药品与试剂

各种培养基的组成成分、1mol/L NaOH 和 HCl 溶液、10%酚液、无菌生理盐水、链霉素、80%乳酸、75%酒精。

4. 仪器与其他物品

电子天平、高压蒸汽灭菌锅、移液管、试管、烧杯、量筒、锥形瓶、无菌培养皿、玻璃漏斗、药匙、称量纸、玻璃珠、格尺、pH 试纸、接种环、接种针、记号笔等。

四、实验流程

制备单菌落→菌落特征观察→记录结果→清洗

五、实验步骤

1. 制备已知菌的单菌落

通过平板划线法获得细菌、酵母菌和放线菌的单菌落。用三点接种法获得霉菌的单菌落。细菌平板倒置放 37℃恒温培养箱，培养 24～48h；酵母菌平板置 28℃培养 2～3天；霉菌和放线菌置 28℃培养 5～7 天。待长成菌落后，观察并记录四大类微生物类群菌落的形态特征。

2. 制备未知菌的单菌落

用制备的牛肉膏蛋白胨琼脂培养基、察氏培养基、马铃薯葡萄糖琼脂培养基、高氏一号培养基平板，分离实验五所得到的菌种，并培养。培养结束后，挑取若干个适宜的平板，然后从中挑选各大类典型菌落若干，逐个编号，作为识别用的未知菌落。

3. 辨别未知菌落

（1）区分“干”或“湿” 根据菌落是“干”或“湿”及菌落正反面颜色、中央与边缘颜色是否一致，首先判断某未知菌落是属于细菌、酵母菌类，还是属于放线菌、霉菌类。

（2）细分菌落 根据上述要点进一步区分未知菌落是属于四大类中的哪一类菌，并将判断结果填入实验记录表中。

4. 菌落形态特征的描述

（1）细菌菌落的描述

① 菌落大小　用格尺测量菌落的直径。大菌落 5mm 以上，中等菌落 3～5mm，小菌落 1～2mm，露滴状菌落 1mm 以下。

② 菌落表面形态　有光滑、皱褶、放射状、根状等。

③ 菌落边缘形态　有整齐、波状、丝状、锯齿状、裂叶状等。

④ 菌落隆起形态　有扁平、隆起、草帽状、胶状等。

⑤ 菌落光泽　可分闪光、金属光泽、无光泽等。

⑥ 菌落质地　可分油脂状、膜状、松软状等。

⑦ 菌落颜色　可分乳白色、灰白色、橘黄色等。

⑧ 透明度　可分为透明、半透明、不透明等。

（2）酵母菌菌落的描述　可参照细菌。同时检查是否有酿酒香味或面包发酵的香味。

（3）放线菌菌落的描述

① 菌落大小　可分局限性生长和蔓延生长，用格尺测量菌落的直径和高度。

② 菌落表面形状　可分干燥粉末状、絮状、皱褶、颗粒状、同心圆放射状等。

③ 菌落形状　可分圆形、边缘放射状、不规则状等。

④ 菌落质地　可分松软、致密干燥、脆硬等。

⑤ 菌落颜色　可分白色、红色、橙色等。注意观察平皿正反面颜色或菌落边缘与中央部位的颜色不同。

⑥ 透明程度　可分透明、半透明、不透明等。

（4）霉菌菌落的描述

① 菌落大小　分局限性生长和蔓延生长。用格尺测量菌落的直径和高度。

② 菌落颜色　菌落正面颜色（包括气生菌丝或孢子颜色）；菌落反面颜色（指营养菌丝颜色）；有否水溶性色素（色素会渗入培养基中，使菌落周围的培养基改变颜色）。

③ 菌落的组织形状　分棉絮状、蜘蛛网状、绒毛状、地毯状等。

④ 菌落的表面形状　分同心圆、辐射状沟纹、疏松或紧密的菌丝、有无水滴等。

六、注意事项

1. 每人实验台各有一套已知菌落和未知菌落，观察时请勿随意搬动，以免搞混菌号，观察时请勿随意打开或挑取。

2. 观察和判断菌落大小时，要注意单菌落在平板上分布疏密的情况，必须选择长在稀疏区域的单菌落，一般菌落密集处常菌落小，分布稀少的部位菌落大。

七、实验结果与报告

1. 记录你所观察到的已知菌的菌落特征。

大类	菌种	辨别依据				菌落描述						
		湿		干		表面	边缘	形状	颜色			透明度
		厚薄	大小	松密	大小				正面	反面	水溶色素	
细菌类	大肠杆菌 *Escherichia coli*											
	金黄色葡萄球菌 *Staphylococcus aureus*											
	枯草芽孢杆菌 *Bacillus subtilis*											
酵母菌类	酿酒酵母 *Saccharomyces cerevisiae*											
	热带假丝酵母 *Candida tropicalis*											
放线菌类	细黄链霉菌 *Streptomyces microflavus*											
	灰色链霉菌 *Streptomyces griseus*											
霉菌类	产黄青霉 *Penicillium chrysogenum*											
	黑曲霉 *Aspergillus niger*											
	构巢曲霉 *Aspergillus nidulans*											

2. 将你所观察到的未知菌落的形态特征记录在下表中，根据菌落特征判断未知菌属于何种微生物类群。

菌落编号	辨别依据				菌落描述							判断结果
	湿		干		表面	边缘	形状	颜色			透明度	
	厚薄	大小	松密	大小				正面	反面	水溶色素		
1												
2												
3												
4												
5												
6												

续表

菌落编号	辨别依据				菌落描述							判断结果
	湿		干		表面	边缘	形状	颜色			透明度	
	厚薄	大小	松密	大小				正面	反面	水溶色素		
7												
8												
9												
10												
11												
12												
13												
14												
15												
16												
17												
18												
…												

八、思考题

1. 微生物菌落干燥与湿润的原因是什么？为何这一特征在四大类微生物类群识别中比较重要？

2. 酵母菌的假菌丝和霉菌的真菌丝之间有何区别？

3. 放线菌生长的早期，其菌落也呈现湿润、透明和光滑等特征，那么如何区分它是放线菌还是细菌呢？

实验八　酵母菌子囊孢子的培养与观察技术

一、实验目的

1. 了解酵母菌形态及其出芽方式。
2. 学习区分酵母菌死、活、衰亡期细胞。
3. 掌握酵母菌子囊孢子的观察方法。

二、实验原理

单细胞的酵母菌个体是常见细菌的几倍甚至几十倍，大多数采取出芽方式进行无性繁殖，也可以通过结合产生子囊孢子进行有性繁殖。

由于细胞个体大，采取涂片的方法制片有可能损伤细胞，一般通过美蓝染液水浸片法或水碘液浸片法来观察酵母菌形态及出芽繁殖方式。同时，采用美蓝染液水浸片法还可以对酵母菌的死、活细胞进行鉴别。美蓝对细胞无毒，其氧化型呈蓝色，还原型无色。由于新陈代谢，活细胞内有较强还原能力，使美蓝由蓝色的氧化型变成无色的还原型，染色后活细胞呈无色。死细胞或代谢能力微弱的衰老细胞还原能力弱，染色后细胞呈蓝色或淡蓝色。

孢子壁厚不易着色，但是一旦着色就很难被脱色。因此先用强染色剂（孔雀绿）染色，使染料进入菌体和孢子，水洗时菌体中染色被洗脱而孢子中染料保留。在用对比度大的复染色剂染色后，菌体染上复染色剂的颜色而孢子保留原来颜色，这样可将两者区别开来。

三、实验材料

1. 菌种

啤酒酵母 *Saccharomyces cerevisiae*。

2. 培养基

（1）麦芽汁培养基　10°Bx 或 12°Bx 新鲜麦芽汁 1000mL，琼脂 15～20g，pH5.5～6.0。在 10°Bx 或 12°Bx 新鲜麦芽汁中加入 0.4%～0.5%琼脂。麦芽汁制法如下：

将一定量的干麦芽粉碎，加 4 倍于麦芽质量的 60℃水，在 60℃水浴锅保温糖化 3～4h，过程中需不断搅拌，并每隔一段时间取样，加碘液观察糖化程度，若显蓝色，则糖化未彻底，继续糖化，直至碘液无蓝色反应为止。糖化完毕，用 5 层左右纱布过滤，除去残渣。每 1000g 麦芽粉可得 15～18°Bx 的麦芽汁 3500～4000mL，用水稀释至 10°Bx 或 12°Bx 麦芽汁，用糖化计检测糖化液浓度。调节 pH 值至 5.5～6.0 后备用。

（2）麦氏培养基（又称醋酸钠琼脂培养基，用于酵母菌产生子囊孢子）　葡萄糖 1g，KCl 1.8g，酵母膏 2.5g，醋酸钠 8.2g，琼脂 15g，蒸馏水 1000mL。115℃灭菌 20min。

（3）YPD 培养基（酵母菌合成培养基）　酵母膏 10g，蛋白胨 20g，葡萄糖 20g，琼脂 15～20g，蒸馏水 1000mL，pH 值 6.0。

3. 溶液和试剂

0.1%美蓝水溶液、5%孔雀绿染色液、0.5%番红染色液、95%乙醇、生理盐水等。

4. 仪器与其他用具

恒温培养箱、超净工作台、光学显微镜、试管、锥形瓶、酒精灯、擦镜纸、载玻片、盖玻片、接种环、滴管、滤纸、擦镜纸等。

四、实验流程

制备培养基→菌种活化→接种培养→染色→镜检

五、实验步骤

1. 培养基的配制

按照实验材料中的三种培养基配方配制麦芽汁培养基、麦氏培琼脂和YPD培养基。分别配制200mL麦芽汁培养基、100mL麦氏培养基和200mL酵母菌合成培养基，分装试管。灭菌后，制作斜面，备用。

2. 接种培养

将啤酒酵母接种至麦芽汁培养基上，置于28℃下培养2～3天，然后再转接2～3次进行菌种活化。无菌条件下，将活化的啤酒酵母分别接种至麦氏培养基和YPD培养基斜面上，25～28℃培养5～7天。YPD培养基上培养的酵母菌主要用于观察酵母菌出芽繁殖方式，麦氏培养基主要用于培养酵母菌产生子囊孢子。注意：麦氏培养基斜面上加大接种量，可提高子囊孢子形成率。

3. 染色与观察

(1) 酵母菌细胞形态及出芽

① 制片　在载玻片中央滴加一滴0.1%美蓝染色液，然后按照无菌操作以接种环挑取少量酵母菌与染色液混合均匀，染色2～3min。另取一清洁盖玻片，将一边与菌液接触，以45°角缓慢覆盖菌液，注意避免气泡的产生，用滤纸吸取多余的菌液。

② 镜检　将制片先用低倍镜再用高倍镜观察酵母菌的形态和出芽情况，区分其母细胞与芽体，区分死细胞（蓝色）、活细胞（不着色）和老龄细胞（淡蓝色）。染色30min后再次进行观察。一般死细胞（蓝细胞）数量随着染色时间的延长而增多。

③ 计算　用0.05%美蓝染色液重复上述操作。在一个视野里计算死细胞和活细胞，共计数5～6个视野。酵母菌死亡率一般用百分数表示，以下列公式计算：

$$死亡率（\%）=\frac{死亡细胞数}{死活细胞总数}\times 100\%$$

(2) 子囊孢子染色观察

① 制片　取在28℃培养7天斜面培养物涂片，并干燥固定。

② 染色　于涂片上滴加数滴5%孔雀绿染色液，覆盖涂有菌膜的部位。计算染色时间，约1～1.5min。

③ 脱色　用水冲去染液至孔雀绿不再褪色为止，用95%乙醇覆盖涂菌膜处，约30s，水洗。

④ 复染　用0.5%番红染色液复染30～60s。水洗，干燥。

⑤ 镜检　制片干燥后，先用低倍镜再用高倍镜或油镜观察啤酒酵母菌菌体及孢子。用油镜观察时，子囊孢子呈绿色，菌体和子囊呈现粉红色。同时，注意观察子囊孢子的数目、形状和子囊的形成率。

⑥ 计算　计算酵母菌子囊产生的百分率，计数时随机选取5个视野，分别统计

产子囊孢子的子囊数和不产生孢子的细胞数，以下列公式计算：

$$子囊产生率（\%）=\frac{5个视野中生成子囊孢子的子囊数}{5个视野中生产子囊孢子数与不产生子囊孢子细胞数的总数}\times 100\%$$

六、注意事项

1. 用于活化啤酒酵母的麦芽汁琼脂培养基要新鲜，从而保证酵母菌得到良好的生长。

2. 用接种环将菌体与染液混合时不要剧烈涂抹，以免破坏细胞。

七、实验结果与报告

1. 记录酵母菌菌落的形态特征。

2. 观察啤酒酵母菌的形态和出芽情况，并区分其母细胞与芽体，区分死细胞、活细胞和老龄细胞，计算酵母菌死亡率（%）。

染色时间	活菌颜色	死菌颜色	衰亡期菌体	死菌数量	芽体形态
3min					
30min					

3. 将啤酒酵母产子囊孢子观察结果记录于下表中：

培养基名称	染色结果	子囊孢子数	孢子形状	子囊形成率/%

八、思考题

1. 根据你的观察结果，美蓝染色液浓度及作用时间与啤酒酵母菌死、活细胞比例变化是否有关系？试分析原因。

2. 如何区分啤酒酵母菌的营养细胞和释放子囊外的子囊孢子？

3. 你在实验中是否观察到酿酒酵母的子囊孢子？若未观察到，试分析原因。

实验九　微生物大小的测定技术

一、实验目的

1. 了解目镜测微尺和镜台测微尺的构造和使用原理。

2. 学习目镜测微尺的校正方法。

3. 学习并掌握使用显微镜测微尺测定微生物大小的方法。

二、实验原理

微生物细胞大小，是微生物的形态特征之一，也是分类鉴定的依据之一。由于菌体很小，只能在显微镜下测量。用来测量微生物细胞大小的工具有目镜测微尺和镜台测微尺。

目镜测微尺（图 9-1）是一块可放在接目镜内的隔板上的圆形小玻片，其中央刻有精确的刻度，有等分 50 小格或 100 小格两种，每 5 小格间有一长线相隔。由于所用接目镜放大倍数和接物镜放大倍数的不同，目镜测微尺每小格所代表的实际长度也就不同，因此，目镜测微尺不能直接用来测量微生物的大小，在使用前必须用镜台测微尺进行校正，以求得在一定放大倍数的接目镜和接物镜下该目镜测微尺每小格的相对值，然后才可用来测量微生物的大小。

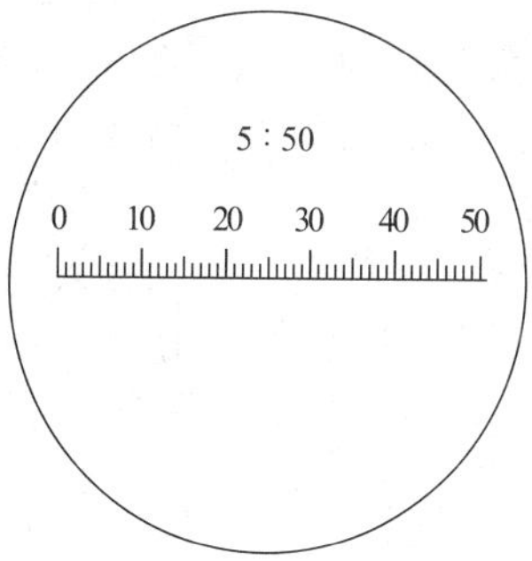

图 9-1 目镜测微尺

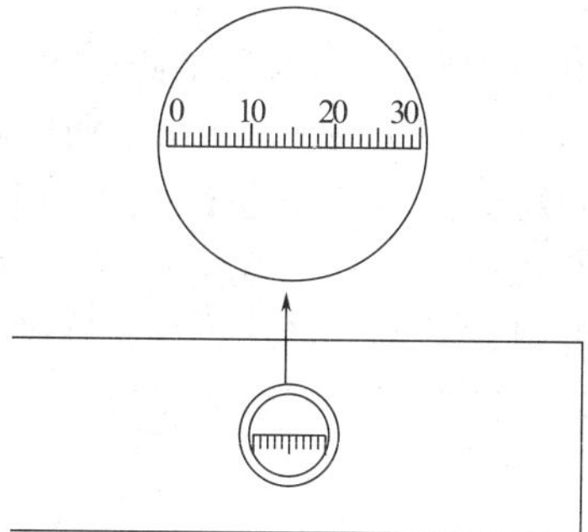

图 9-2 镜台测微尺

镜台测微尺（图 9-2）是中央部分刻有精确等分线的载玻片。一般将 1mm 等分为 100 格（2 mm 等分为 200 格），每格长度等于 0.01mm（即 10μm），是专用于校正目镜测微尺每格长度的。

三、实验材料

1. 菌种

酿酒酵母 *Saccharomyces cerevisiae*、大肠杆菌 *Escherichia coli*、枯草芽孢杆菌 *Bacillus subtilis*、金黄色葡萄球菌 *Staphylococcus aureus* 等斜面菌种。

2. 试剂

香柏油、二甲苯、无菌生理盐水等。

3. 仪器与其他用具

光学显微镜、目镜测微尺、镜台测微尺、载玻片、盖玻片、滴管、接种环、擦镜纸等。

四、实验流程

取镜→安装目镜测微尺→校正→测定大小→计算→整理

五、实验步骤

1. 目镜测微尺的校正

（1）放置目镜测微尺　首先取出目镜，将目镜上的透镜旋下，将目镜测微尺的刻度朝下放在目镜筒内的隔板上。然后，旋上目镜透镜。最后，将目镜插入镜筒内。

（2）放置镜台测微尺　将镜台测微尺置于显微镜的载物台上，使刻度面朝上。

（3）校正目镜测微尺　先用低倍镜观察，对准焦距，当看清镜台测微尺后，转动目镜，使目镜测微尺的刻度与镜台测微尺的刻度平行，移动推动器，使目镜测微尺和镜台测微尺的某一区间的两对刻度线完全重合，根据计数得到的目镜测微尺和镜台测微尺重合线之间各自所占的格数，通过如下公式换算出目镜测微尺每小格所代表的实际长度：

$$目镜测微尺每小格长度（\mu m）=\frac{两对重合线间镜台测微尺格数\times 10}{两对重合线间目镜测微尺格数}$$

例如图 9-3 所示，A（目镜测微尺）上 5 格对准 B 镜台测微尺上的 2 格，B 的 1 格为 10μm，2 格的长度为 20μm，所以目镜测微尺上 1 小格的长度为 4μm。

同法，校正在高倍镜和油镜下目镜测微尺每小格所代表的长度。注意：用高倍镜或油镜时光线不宜过强，否则难以找到镜台测微尺的刻度。同时，操作时需防止镜头压坏镜台测微尺。

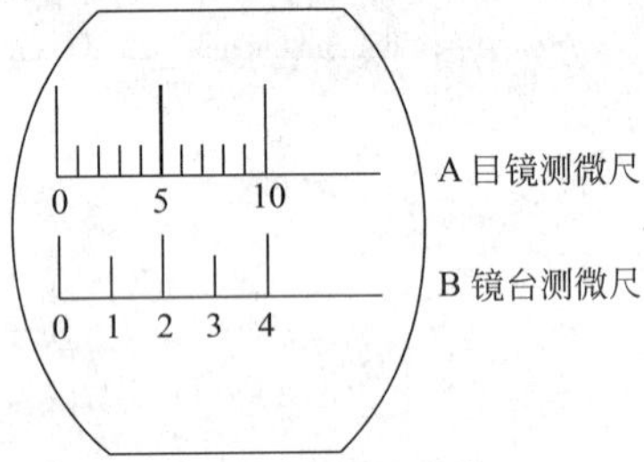

图 9-3　目镜测微尺的校正

2. 菌体大小的测定

（1）将啤酒酵母菌斜面制成一定浓度的菌悬液。

（2）取一滴酵母菌菌悬液制成水浸片。

（3）移去镜台测微尺，换上酵母菌水浸片，先在低倍镜下找到目的物，然后在高倍镜下用目镜测微尺来测量酵母菌菌体的长、宽各占几格（不足 1 格的部分估计到小数点后一位数）。测出的格数乘上目镜测微尺每格的校正值，即等于该菌的长和宽。一般测量菌体的大小要在同一个标本片上测定 30 个处在对数生长期的菌体，求出平均值，才能代表该菌的大小。

（4）换上细菌染色制片，在油镜下分别测定大肠杆菌 *Escherichia coli*、枯草芽孢杆菌 *Bacillus subtilis* 的长和宽，以及金黄色葡萄球菌 *Staphylococcus aureus* 的直径。测定时通过转动目镜测微尺和移动载玻片，测定细菌长和宽或直径所占目镜测微尺的格数。最后将所得到的格数乘以目镜测微尺（油镜时）每格所代表的长度，即为该菌的实际大小。

3. 取出目镜测微尺

测定完毕，取出目镜测微尺，并将目镜放回镜筒，再将目镜测微尺和镜台测微尺分别用擦镜纸擦拭后，放回盒内保存。

油镜使用完毕后，须用擦镜纸擦去镜头上的香柏油，再用擦镜纸蘸少许二甲苯擦掉残留的香柏油，最后再用干净的擦镜纸擦干残留的二甲苯。

六、注意事项

1. 使用镜台测微尺进行校正时，若一时无法直接找到测微尺，可先将显微镜的物镜镜头对准测微尺外的圆圈线，随后移动标本推进器寻找测微尺刻度线。

2. 细菌的个体微小，在进行细胞大小测定时一般应选用油镜，以减小误差。

3. 镜台测微尺的玻片较薄，在标定油镜时要格外小心，以免压碎镜台测微尺或损坏显微镜镜头。

4. 镜台测微尺的圆形盖玻片用树脂封合，当擦去香柏油时不宜过多使用二甲苯，否则易将树脂溶解，使得盖玻片脱落。

七、实验结果与报告

1. 将目镜测微尺校正结果填入下表。

接物镜	物镜倍数	目镜测微尺格数	镜台测微尺格数	目镜测微尺每格代表的长度/μm
低倍镜				
高倍镜				
油　镜				

接目镜倍数____________。

2. 在高倍镜和油镜下测量菌体细胞的大小，并将测定结果填入下表。

名称	目镜测微尺每格代表的长度/μm	长		宽		菌体大小(长×宽)/(μm×μm)
		目镜测微尺平均格数	长度/μm	目镜测微尺平均格数	宽度/μm	
枯草芽孢杆菌 *Bacillus subtilis*						
酿酒酵母 *Saccharomyces cerevisiae*						
大肠杆菌 *Escherichia coli*						
金黄色葡萄球菌 *Staphylococcus aureus*						

注　结果计算：长(μm)＝平均格数×校正值；宽(μm)＝平均格数×校正值；大小表示为宽(μm)×长(μm)。

八、思考题

1. 当接目镜不变，目镜测微尺也不变，只改变接物镜，目镜测微尺每格所测量的镜台上物体的实际长度是否相同？为什么？

2. 为什么一般测量菌体的大小要在同一个标本片上测定20～30个处在对数生长期的菌体，才能代表该菌的大小？

实验十　微生物的显微镜直接计数法

一、实验目的

1. 明确血细胞计数板计数的原理。
2. 掌握使用血细胞计数板进行微生物细胞或孢子计数的方法。

二、实验原理

显微计数法是将少量待测样品的悬浮液置于一种特定的具有确定容积的载玻片上，于显微镜下直接观察、计数的方法。显微计数法适用于各种含单细胞菌体的纯培养悬浮液，如酵母、细菌、霉菌孢子等。目前，国内外常用的计菌器有血细胞计数板、Peteroff-Hausser 细菌计数板和 Hawksley 计数板等，它们可以对各种微生物单孢子（孢子）悬液进行计数，基本原理相同。其中，血细胞计数板较厚，不能使用油镜观察，菌体较大的酵母菌或霉菌孢子可采用血细胞计数板，一般细菌则采用 Peteroff-Hausser 细菌计数板或 Hawksley 计数板，因为后两者较薄，可用油镜对细菌等个体较小的细胞进行观察计数。本实验以最常用的血细胞计数板为例对显微镜直接计数法进行介绍。

血细胞计数板是一块特制的厚型载玻片，载玻片上有 4 条槽从而构成 3 个平台。中间较宽的平台，被一短横槽分隔成两半，每个半边上面各有一个计数室，如图 10-1 所示。计数室的刻度有两种，如图 10-2 所示：一种是计数区（大方格）分为 16 个中方格，而每个中方格又分成 25 个小方格；另一种是一个计数区分成 25 个中方格，而每个中方格又分成 16 个小方格。计数室均由 400 个小方格组成。每个大方格边长为 1mm，其面积为 $1mm^2$，盖上盖玻片后，盖载玻片间的高度为 0.1mm，所以每个计数区的体积为 $0.1mm^3$。使用血细胞计数板计数时，通常测定五个中方格的微生物数量，求其平均值，再乘以 25 或 16，就得到一个大方格的总菌数，然后再换算成 1mL

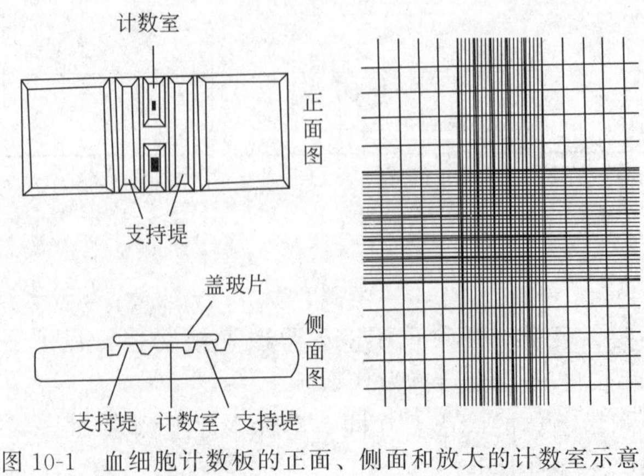

图 10-1　血细胞计数板的正面、侧面和放大的计数室示意图

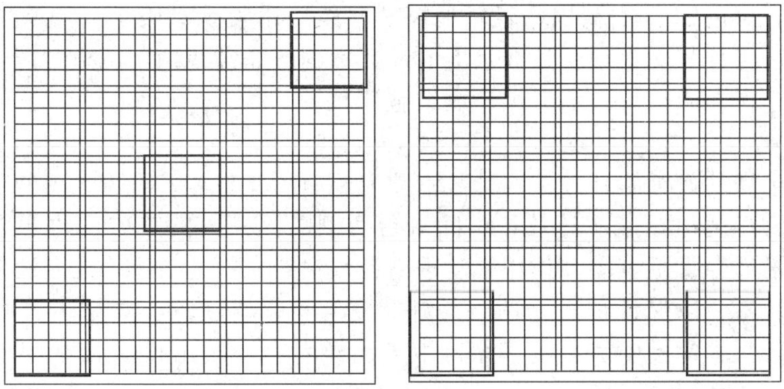

A.25大格×16小格型计数板　　B.16大格×25小格型计数板

图 10-2　两种不同规格的血细胞计数板

或 1g 菌液中微生物的数量。

16×25 型血细胞计数板的计算公式：

样品中的菌体数[个/g(mL)]=(100 小格内细胞数/100)×400×10^4×稀释倍数

25×16 型血细胞计数板的计算公式：

样品中的菌体数[个/g(mL)]=(80 小格内细胞数/80)×400×10^4×稀释倍数

三、实验材料

1. 菌种

液体发酵培养 24～48h 的啤酒酵母 *Saccharomyces cerevisiae* 液体菌种。

2. 试剂

无菌生理盐水。

3. 仪器与其他用具

光学显微镜、血细胞计数板、无菌吸管、盖玻片、吸水滤纸、无菌毛细滴管、手动计数器、镊子、擦镜纸等。

四、实验流程

制备菌悬液→加样品→静置 5min→用低倍镜找计数室→用高倍镜找中方格→计数→清洗

五、实验步骤

1. 菌悬液制备

取啤酒酵母培养液，振荡摇匀后，用无菌吸管取 1mL 菌样加入 9mL 无菌生理盐水中，振荡摇匀，即为 1∶10 稀释菌液。可依次制备 10^{-2}、10^{-3}、10^{-4} 等梯度稀释液，合适的稀释度以计数室内每小格内有 3～5 个酵母菌细胞为宜。

2. 镜检计数室

在加样前，应先对血细胞计数板的计数室进行镜检，若有污物，则需清洗。可用自来水冲洗，再用95%酒精棉球轻轻地擦洗，然后用吸水纸吸干或用吹风机室温下吹干后方能进行计数。血细胞计数板上的计数室刻度非常精细，清洗时切勿使用刷子等硬物，也不得在酒精灯火焰旁烘烤血细胞计数板。

3. 加样品

将清洁干燥的血细胞计数板的计数室盖上干净的盖玻片，再用无菌的毛细滴管将摇匀的啤酒酵母菌稀释液从计数板中间平台两侧的沟槽内沿盖玻片的下边缘滴加一滴，让菌液沿缝隙靠毛细渗透作用自动进入计数室。一般计数室均能充满菌液，再用镊子轻压计数室，以保证加入的菌液是计数室容积量。注意计数室不可有气泡的存在，用吸水纸吸去沟槽中流出的多余菌液。加样后，静置5min，使细胞或孢子自然沉降到计数室的底部。

4. 计数

将血细胞计数板置于显微镜载物台上，先用低倍镜找到计数室所在位置，然后换成高倍镜进行计数。转换高倍镜后，需调节光亮度至菌体和计数室的线条清晰可见为止。调节显微镜光线的强弱适当，对于用反光镜采光的显微镜还要注意光线不要偏向一边，否则视野中不易清楚计数室方格线，或只见竖线，或只见横线。

在计数前若发现菌液太浓或太稀，需重新选择合适的稀释度后再计数。一般样品稀释度要求每小格内约有3～5个菌体为宜。对不同规格的计数板的计数方法有所差异。若是16×25型，需要按照对角线方位，计数左上、左下、右上和右下角4个中方格（即100个小格）的菌数；若是25×16型，除计数左上、左下、右上和右下角4个中方格之外，还需要数中央1个中方格的菌数。

注意：①位于格线上的菌体一般只数上方和右边线上的；②如遇酵母出芽，芽体大小达到母细胞的一半时，即作为两个菌体计数；③计数时要不断旋动细微螺旋，以便能看到悬浮在计数室内不同深度的菌体细胞；④计数一个样品要从两个计数室中计得的平均数值来计算样品的含菌量。

5. 清洗血细胞计数板

使用完毕后，将血细胞计数板在水龙头用水冲洗干净，切勿用硬物洗刷，洗完后自行晾干或用吹风机吹干。镜检，观察每小格内是否有残留菌体或其他沉淀物。若不干净，则必须重复洗涤至干净为止。洗净后，自然风干或吹风机室温下吹干，放回盒中保存，以备下次使用。

六、实验结果与报告

请将利用显微镜对啤酒酵母菌液计数的结果记录于下表中。

<table>
<tr><th rowspan="2"></th><th colspan="5">各中格中菌数</th><th rowspan="2">五个中方格中的总菌数</th><th rowspan="2">菌液稀释倍数</th><th rowspan="2">二室平均值</th><th rowspan="2">菌数/mL</th></tr>
<tr><th>1</th><th>2</th><th>3</th><th>4</th><th>5</th></tr>
<tr><td>第一室</td><td></td><td></td><td></td><td></td><td></td><td></td><td></td><td rowspan="2"></td><td rowspan="2"></td></tr>
<tr><td>第二室</td><td></td><td></td><td></td><td></td><td></td><td></td><td></td></tr>
</table>

七、思考题

1. 用血细胞计数板计数的误差主要来自哪些方面？应如何尽量减少误差？
2. 某单位要求知道一种干酵母粉中的活菌存活率，请设计 1～2 种可行的检测方法。
3. 用血细胞计数板是否可以在油镜下进行计数？此法是否适用于计数细菌？

实验十一　微生物数量的测定（比浊法）

一、实验目的

1. 了解比浊计数法的测定原理。
2. 掌握用比浊法测定酵母菌和细菌数量的方法。
3. 了解酵母菌和细菌生长曲线的制作。

二、实验原理

当光线通过微生物菌悬液时，由于菌体的散射及吸收作用使光线的透过量降低。在一定浓度范围内，悬液中菌体数量与光密度（OD 值）成正比，与透光度成反比。OD 值可由光电比色计精确测定，因此，可用一系列已知菌数的菌悬液测定 OD 值，作出 OD 值-菌数的标准曲线，而后将所测得的样品液 OD 值对照标准曲线查出对应的菌数。制作标准曲线时，活菌计数可采用血细胞计数板或平板菌落计数法。本法简便、快捷，可连续测定，适合自动化控制，但不适用于多细胞微生物的生长测定，以及颜色太深的样品或在样品中含有颗粒性杂质的悬液测定。

光电比浊计数法已在发酵工业广泛采用。直接用比浊法测得的 OD 值常用于跟踪观察各个时期细菌或酵母菌的菌数消长情况，如生长曲线的测定和发酵罐中的细菌或酵母菌的生长情况等。由于 OD 值受菌体浓度（仅在一定范围内与 OD 值成直线关系）、细胞大小、形态、培养液成分以及所采用的光波长等因素的影响，因此，首先要调节好待测菌液的细胞浓度，选择好光波长，通常在 400～700nm 之间；其次，应采用相同的菌株和培养条件制作标准曲线。还要注意培养基的成分和代谢产物不能在所选用波长范围有吸收。

测定微生物的数量有多种不同的方法，可根据要求和实验室条件选用。本实验采用比浊法测定，由于酵母菌或细菌悬液的浓度与光密度（OD 值）成正比，因此可利用分光光度计测定菌悬液的光密度来推知菌液的浓度，并将所测的 OD 值与其对应的培养时间作图，即可绘出该菌在一定条件下的生长曲线，此法快捷、简便。

三、实验材料

1. 菌种

啤酒酵母 *Saccharomyces cerevisiae* 培养液，37℃培养 18h 的大肠杆菌 *Escherichia coli* 培养液。

2. 培养基

(1) 牛肉膏蛋白胨液体培养基　牛肉膏 3g，蛋白胨 10g，氯化钠 5g，自来水 1000mL，pH7.2～7.4。

(2) 马铃薯葡萄糖液体培养基　马铃薯 200g，葡萄糖（蔗糖）20g，自来水 1000mL，pH 值自然。

3. 药品和试剂

培养上述培养基所需要的各成分、无菌生理盐水等。

4. 仪器和其他用具

血细胞计数板、Peteroff-Hausser 细菌计数板、光学显微镜、721 分光光度计、比色杯、恒温摇床、无菌吸管、无菌试管、记号笔、滤纸等。

四、实验流程

菌液制备→调整菌液浓度→标准曲线制作→测定待测样品 OD 值

五、实验步骤

1. 菌液制备

取大肠杆菌斜面菌种 1 支，以无菌操作挑取 1 环菌苔，接入牛肉膏蛋白胨培养液中，静止培养 18h，获得菌悬液。

取啤酒酵母斜面菌种 1 支，以无菌操作用接种环挑取菌种，接入马铃薯葡萄糖液体培养基中，28℃摇床振荡培养 24h，获得菌液备用。

2. 调整菌液浓度

取无菌试管 2 套，每套 7 支，分别用记号笔将试管编号为 1、2、3、4、5、6、7。用血细胞计数板或 Peteroff-Hausser 细菌计数板分别计数啤酒酵母和大肠杆菌菌悬液，也可采用平板活菌计数法测定菌悬液中的菌体数量。分别用生理盐水稀释调整为每毫升 1×10^6 个、2×10^6 个、4×10^6 个、6×10^6 个、8×10^6 个、10×10^6 个、12×10^6 个含菌数的细胞悬液，再分别装入已编好号的 1～7 号无菌试管中。

3. 测 OD 值

将 1～7 号不同浓度的菌悬液充分摇匀后进行 OD 值的测定。酵母菌悬液和大肠杆菌悬液分别于 560nm 和 420nm 波长下测定 OD 值。比色测定时，以无菌生理盐水作空白对照，并调零，将 OD 值填入下表。

试管编号	1	2	3	4	5	6	7
大肠杆菌 *Escherichia coli*							
啤酒酵母 *Saccharomyces cerevisiae*							

4. 绘制标准曲线

以菌悬液的 OD 值为横坐标，以每毫升菌体细胞数的对数值为纵坐标，绘制出标准曲线。

5. 样品测定

将待测样品用无菌生理盐水适当稀释，充分摇匀后，分别用 560nm（酵母菌）和 420nm（大肠杆菌）波长测定 OD 值。测定时用无菌生理盐水做空白对照，并调零。各种操作条件须与制作标准曲线时的条件相同，否则，测得的样品 OD 值所换算的含菌数不准确。根据所测得的 OD 值，从标准曲线查得每毫升的含菌数。

六、注意事项

1. 比色杯或比色管要清洗干净，测定 OD 值前，将待测定的培养液充分振荡混匀，使得细胞分散均匀。

2. 采用比浊法测定微生物细胞数量需要对分光光度计指针调零。调零使用的溶液应与待测菌液的溶液一致，否则获得的数据会出现误差。

3. 测定 OD 值后，将比色杯中的菌液倾入容器中，用水将冲洗比色杯，冲洗水也收集于容器中进行灭菌，最后用 75%酒精冲洗比色杯。

七、实验结果与报告

计算每毫升样品原液的菌数：

每毫升样品原液的菌数＝从标准曲线查得每毫升的菌数×稀释倍数

八、思考题

1. 平板菌落计数法、血细胞计数板计数法、Peteroff-Hausser 计数板计数法和比浊法等在微生物数量测定方面各有什么优缺点?

2. 如何用光电比浊法测定细菌的生长曲线?

3. 设计一个试验方案，可以通过测定 OD 值便可知样品中的活菌数。

实验十二　食品生产环境中微生物的检测技术

一、实验目的

1. 初步了解周围环境中微生物的分布状况。

2. 比较来自不同场所与不同条件下微生物的数量和类型。

3. 进一步熟悉四大类微生物类群的菌落形态特征。

4. 深刻体会微生物学实验无菌操作的重要性。

二、实验原理

微生物在自然界分布极其广泛，且由于微生物个体微小，结构简单，绝大多数是我们肉眼根本无法直接观察到的，所以，我们要借助于制作不同类型的平板培养基，在适宜的培养温度下，培养1～2天内每一菌体即能通过很多次细胞分裂而进行繁殖，形成肉眼可直接观察到的微生物细胞群体，即菌落。

每一种微生物所形成的菌落都有它自己的特点，例如：菌落的大小，表面干燥或湿润、隆起或扁平、粗糙或光滑，边缘整齐或不整齐，菌落透明或半透明或不透明，颜色，以及质地疏松或紧密等。因此，可通过平板培养来检查环境中微生物的数量和类型。

三、实验材料

1. 培养基

（1）牛肉膏蛋白胨琼脂培养基（培养细菌用） 牛肉膏3g，蛋白胨10g，氯化钠5g，琼脂15～20g，自来水1000mL，pH7.2～7.4。

（2）察氏培养基（培养霉菌用） 蔗糖或葡萄糖30g，硝酸钠2g，$K_2HPO_4 \cdot 3H_2O$ 1g，KCl 0.5g，$MgSO_4 \cdot 7H_2O$ 0.5g，$FeSO_4 \cdot 7H_2O$ 0.01g，琼脂15～20g，蒸馏水1000mL，pH值自然。

（3）马铃薯葡萄糖琼脂培养基（简称PDA，培养真菌用） 马铃薯200g，葡萄糖（蔗糖）20g，琼脂15～20g，自来水1000mL，pH值自然。

（4）高氏一号培养基（培养放线菌用） 可溶性淀粉20g，KNO_3 1g，NaCl 0.5g，$K_2HPO_4 \cdot 3H_2O$ 0.5g，$MgSO_4 \cdot 7H_2O$ 0.5g，$FeSO_4 \cdot 7H_2O$ 0.01g，琼脂15～20g，蒸馏水1000mL，pH7.4～7.6。

2. 药品与试剂

各种培养基的组成成分、1mol/L NaOH和HCl溶液、10%酚液、无菌生理盐水、80%乳酸、75%酒精。

3. 仪器与其他物品

电子天平、高压蒸汽灭菌锅、酒精灯、移液管、试管、烧杯、量筒、锥形瓶、无菌培养皿、无菌棉签、镊子、剪刀、玻璃漏斗、药匙、称量纸、玻璃珠、pH试纸、记号笔、三角形无菌玻璃涂棒、记号笔等。

四、实验流程

倒平板→采样→培养→观察→清洗

五、实验步骤

1. 培养基制备

根据用量分别制备牛肉膏蛋白胨琼脂培养基、察氏培养基、马铃薯葡萄糖琼脂培养基和高氏一号培养基。无菌条件下倒平板，每一平板用量约15mL。

2. 做标号

以六人为一组，每组一套平板（分别包含5个牛肉膏蛋白胨琼脂培养基、5个察氏培养基、5个马铃薯葡萄糖琼脂培养基和5个高氏一号培养基平板）。分别在一个平板的底部边缘写上自己的名字和日期，标记清楚该平板是何种培养基类型，采集的样品来源，为了不影响观察和统计，可用符号或数字代表。

注意：平板的记号一般写在皿底上。如果写在皿盖上，同时观察两个以上平板的结果，打开皿盖时，容易混淆。

3. 采样检查

(1) 空气

分别将1个牛肉膏蛋白胨琼脂平板、1个察氏培养基、1个马铃薯葡萄糖琼脂培养基和1个高氏一号培养基平板摆放在食品生产和加工实验室，移去皿盖，使培养基表面暴露在空气中10～15min，然后盖上皿盖。后面每一采样同时用到1个牛肉膏蛋白胨琼脂平板、1个察氏培养基、1个马铃薯葡萄糖琼脂培养基和1个高氏一号培养基平板检验四大类不同的微生物类群。

(2) 工作台和门的旋钮

① 标记　用记号笔在皿底外面中央画一直线，再在此线中间处画一垂直线。

② 取样　取无菌棉签在无菌水中蘸湿，并挤出多余的水分，将湿棉签在实验台面或门旋钮上擦拭约 $2cm^2$ 的范围。

③ 接种　在火焰旁用左手拇指和食指或中指使平皿开启成一缝，再将棉签伸入，在琼脂表面顶端接种，即滚动一下，立即闭合皿盖。

④ 划线　另取接种环在火焰上灭菌，进行划线，整个划线操作均要求无菌操作，即靠近火焰，而且动作要快。

(3) 手指（洗手前与洗手后）

① 分别在平板上一分为二标明洗手前与洗手后。

② 移去皿盖，将未洗过的手指在平板的半区表面，轻轻地来回划线，盖上皿盖。

③ 用肥皂和刷子用力刷手，在流水中冲洗干净，干燥后，在同一平板的另半区表面来回移动，盖上皿盖。

(4) 头发　揭开皿盖的琼脂平板的上方，用手将头发用力摇动数次，使微生物降落到琼脂平板表面，然后盖上皿盖。

(5) 咳嗽　将去皿盖的平板放在离口约6～8cm处，对着琼脂表面用力咳嗽，然后盖上皿盖。

4. 培养

将牛肉膏蛋白胨平板倒置于恒温培养箱中，37℃培养1～2天，察氏培养基、高氏一号培养基和马铃薯葡萄糖琼脂平板倒置于28℃恒温培养箱中培养3～5天。

5. 菌落观察与计数

参照实验七中的方法对四大类微生物类群进行菌落形态特征的识别和数量的初步统计，并研究其分布规律。

六、注意事项

1. 本实验对各种环境中的微生物的检测属于定性检测，若要作定量检测，则需要进一步设计。

2. 在划线的平板上，如果菌落很多而重叠，则数平板最后1/4面积内的菌落数。

不是划线的平板，也一分为四，数 1/4 面积的菌落数。

3. 根据菌落大小、形状、高度、干湿等特征观察不同的菌落类型。但要注意，如果细菌数量太多，会使很多菌落生长在一起，或者限制了菌落生长而变得很小，因而外观不典型，故观察菌落的特点时，要选择分离得很开的单个菌落。

七、实验结果与报告

将培养获得的结果记录到下表中（表格可根据实际情况自行扩展）：

样品来源	菌落数	菌落类型	菌落特征描述						
			大小	形态	干湿	高度	透明度	颜色	边缘状况
空气									
工作台和门的旋钮									
手指(洗手前与洗手后)									
头发									

续表

样品来源	菌落数	菌落类型	菌落特征描述						
			大小	形态	干湿	高度	透明度	颜色	边缘状况
咳嗽									

八、思考题

1. 比较洗手前后微生物数量的变化，你有什么样的体会？洗手后为何仍有微生物生长？你认为是什么原因？

2. 比较检测不同来源的样品，哪里的微生物的数量和类型最多？为什么？

3. 无菌操作对我们的微生物学实验乃至有关生产实践有何重要意义？

实验十三　利用常规生化试验反应鉴定微生物

一、实验目的

1. 证明不同微生物对各种有极大分子物质的水解能力不同，从而说明不同微生物有着不同的酶系统。

2. 掌握微生物大分子物质水解实验的原理和方法。

3. 了解糖发酵的原理和在肠细菌鉴定中的重要作用。

4. 掌握通过糖发酵鉴别不同微生物的方法。

5. 了解 IMViC 的原理。

二、实验原理

由于各种微生物具有不同的酶系统，所以它们能利用的底物不同，或虽利用相同的底物但产生的代谢产物却不同，因此可以利用各种生理生化反应来鉴别不同的细菌，尤其是在肠杆菌科细菌的鉴定中，生理生化试验占有重要的地位。具体的原理如下。

1. 淀粉水解试验

在淀粉固体培养基上接种四种细菌（枯草芽孢杆菌、大肠杆菌、金黄色葡萄球菌、铜绿假单胞菌），培养 2 天以后，再往培养基中加碘液染色，若该细菌能分泌胞外淀粉酶，则能利用其周围的淀粉，使得培养基在染色后，其菌落周围不呈蓝色，而是无色透明圈。

2. 糖发酵试验

不同的细菌分解糖的能力不同，有些细菌能利用糖发酵产酸和产气，有些则不能。酸在加入溴甲酚指示剂后会使溶液呈黄色，且杜氏小管中会收集到一部分气体。若细菌不能使糖产酸产气，则最后溶液为指示剂的紫色，且杜氏小管中无气体。

3. IMViC 实验

主要用于快速鉴别大肠杆菌和产气肠杆菌。

(1) 吲哚试验　在蛋白胨培养基中，若细菌能产生色氨酸酶，则可将蛋白胨中的色氨酸分解为丙酮酸和吲哚。吲哚与对二甲基苯甲醛反应生成玫瑰色的玫瑰吲哚，但并非所有的微生物都具有分解色氨酸产生吲哚的能力，因此，吲哚试验可以作为一个生物化学检测的指标。

(2) 甲基红试验 (MR)　某些细菌在糖代谢过程中分解葡萄糖生成丙酮酸，后者进而被分解产生甲酸、乙酸和乳酸等多种有机酸，使培养液 pH 值降至 4.2 以下，加入甲基红后溶液呈红色。

三、实验材料

1. 菌种

大肠杆菌 *Escherichia coli*、金黄色葡萄球 *Staphylococcus aureus*、铜绿假单胞菌 *Pseudomonas aeruginosa*、枯草芽孢杆菌 *Bacillus subtilis*、产气肠杆菌 *Enterobacter aerogenes*、普通变形杆菌 *Proteus vulgarris*。

2. 培养基

(1) 固体淀粉培养基（用于细菌的水解实验）　蛋白胨 10g，牛肉膏 5g，氯化钠 5g，可溶性淀粉 2g，琼脂 15～20g，蒸馏水 1000mL。

(2) 固体油脂培养基（用于细菌的水解实验）　蛋白胨 10g，牛肉膏 5g，氯化钠 5g，香油或花生油 10g，1.6% 中性红水溶液 1mL，琼脂 15～20g，蒸馏水 1000mL，pH7.2。

(3) 细菌糖或醇发酵培养基（用于鉴定细菌糖或醇发酵试验）　蛋白胨 10g，氯化钠 5g，磷酸二氢钾 0.2g，1.6%溴甲酚紫乙醇溶液（简称 BCP）1～2mL，葡萄糖（或其他糖、醇）10g，蒸馏水 1000mL，pH7.4。115℃ 灭菌 20min。

(4) 蛋白胨水 (BP) 培养基（用于吲哚实验，又称靛基质试验）　蛋白胨（或胰蛋白胨）20g，氯化钠 5g，蒸馏水 1000mL，pH7.4。分装小试管，121℃ 灭菌 15min。

(5) 葡萄糖蛋白胨水培养基（用于甲基红试验）　蛋白胨 7g，葡萄糖 5g，磷酸氢二钾 5g，蒸馏水 1000mL，pH7.0～7.2。115℃ 灭菌 20min。

3. 溶液和试剂

卢戈氏碘液、甲基红指示剂、乙醚、吲哚试剂、无菌水。

4. 仪器和其他用品

恒温培养箱、平板、试管、接种环、试管架、电子天平、酒精灯、称量纸、玻璃棒、锥形瓶、烧杯、药匙、标签纸、酒精灯、滴管。

四、实验流程

制备培养基→淀粉水解试验→油脂水解试验→糖发酵试验→吲哚试验→甲基红试验

五、实验步骤

1. 制备培养基

制备上述固体淀粉培养基、固体油脂培养基、细菌糖或醇发酵培养基、蛋白胨水培养基、葡萄糖蛋白胨水培养基，具体制备方法如下。

(1) 固体淀粉培养基的制备方法

试剂	蛋白胨	NaCl	牛肉膏	可溶性淀粉	琼脂	蒸馏水
用量	10g	5g	5g	2g	15～20g	1000mL

121℃灭菌20min。

(2) 固体油脂培养基的制备方法

试剂	蛋白胨	牛肉膏	NaCl	花生油	1.6%中性红水溶液	琼脂	蒸馏水
用量	10g	5g	5g	10g	1mL	15～20g	1000mL
pH值	7.2						

121℃灭菌20min。

注：1. 不能使用变质油。

2. 油和琼脂及水先加热。

3. 调好pH值后，再加入中性红。

4. 分装时，需不断搅拌，使油均匀分布于培养基中。

(3) 糖发酵培养基的制备方法

试剂	蛋白胨	NaCl	磷酸二氢钾	1.6%溴甲酚紫乙醇溶液	葡萄糖(或其他糖、醇)	蒸馏水
用量	10g	5g	0.2g	1～2mL	10g	1000mL
pH值	7.4					

(1)将上述含指示剂的蛋白胨水培养基(pH7.6)分装于试管中，在每管中放一倒置的小玻璃管。

(2)将已分装好的蛋白胨水和20%的各种糖溶液分别灭菌，蛋白胨水121℃灭菌20min；糖溶液112℃灭菌30min。

(3)灭菌后，每管以无菌操作分别加入20%的无菌糖溶液0.5mL(按每10mL培养基中加入20%的糖液0.5mL，则成1%的浓度)。

配制后的试管必须洗干净，避免结果混乱。

(4) 蛋白胨水培养基的制备方法

试剂	蛋白胨	NaCl	蒸馏水
用量	20g	5g	1000mL
pH 值	7.4		

121℃灭菌 20min。

(5) 葡萄糖蛋白胨水培养基的制备方法

试剂	蛋白胨	葡萄糖	K_2HPO_4	蒸馏水
用量	7g	5g	5g	1000mL

将上述各成分溶于 1000mL 水中，调节 pH7.0～7.2，过滤。分装试管，每管 10mL，112℃灭菌 30min。

2. 淀粉水解试验

(1) 倒平板　将固体淀粉培养基熔化后，冷却至 55～60℃左右，无菌操作制成平板。

(2) 接种　分别将枯草芽孢杆菌、大肠杆菌、金黄色葡萄球菌和铜绿假单胞菌划线接种到平板培养基上。随后，在平板的底面写上菌名和日期。

(3) 培养　将平板倒置于 37℃恒温培养箱，培养 24～48h。

(4) 鉴定　打开平板盖子，滴入少量卢戈氏碘液于平板中，轻轻旋转平板，使碘液均匀铺满整个平板。如菌落周围出现无色透明圈，则说明淀粉已被水解，为阳性，反之则为阴性。根据透明圈的大小可初步判断该菌水解淀粉能力的强弱。

3. 油脂水解试验

(1) 倒平板　将熔化的固体油脂培养基冷却至 55～60℃左右，充分振摇，使油脂均匀分布，无菌操作制成平板。

(2) 接种　分别将枯草芽孢杆菌、大肠杆菌、金黄色葡萄球菌和铜绿假单胞菌划线接种到平板培养基上。随后，在平板的底面写上菌名和日期。

(3) 培养　将平板倒置于 37℃恒温培养箱，培养 24～48h。

(4) 鉴定　取出平板，观察菌苔颜色。如果出现了红色斑点，则说明脂肪已经水解，为阳性反应，反之为阴性反应。

4. 糖发酵试验

(1) 标记　用记号笔在各个试管壁上分别标记培养基的名称和所接种的细菌菌名和日期。

(2) 接种　取三支葡萄糖发酵培养基试管，分别接入大肠杆菌、普通变形杆菌，第三支不接种，作为对照。另取三支乳糖发酵培养基试管，同样分别接入大肠杆菌、普通变形杆菌，第三支不接种，作为对照。在接种后，轻缓摇动试管，使其混合均匀，但要防止其中倒置的杜氏小管进入气泡，否则可能会造成假象，得出错误的判断结果。

(3) 培养　将上述六支试管置于 37℃恒温培养箱中，静置培养 24～48h。

(4) 鉴定　观察各个试管中的颜色变化及杜氏小管中有无气泡的产生。

5. 吲哚试验

(1) 接种　无菌操作用灭菌的接种针将大肠杆菌、产气肠杆菌分别接入两支蛋白胨水培养基中。

(2) 培养　置37℃恒温培养箱中，静置培养24～48h。

(3) 鉴定　蛋白胨水培养基内加入3～4滴乙醚，摇动混匀，静置1～2min，待乙醚上升后，沿试管内壁缓缓加入2滴吲哚试剂。若在乙醚和培养液之间能产生红色的环状物，则为阳性反应。

6. 甲基红试验

(1) 接种　无菌操作用灭菌的接种针将大肠杆菌、产气肠杆菌分别接入两支葡萄糖蛋白胨水培养基中。

(2) 培养　置37℃恒温培养箱中，静置培养24～48h。

(3) 鉴定　培养24～48h后，在葡萄糖蛋白胨水培养液中加入甲基红试剂1～2滴，培养菌液变为红色者为阳性，变为黄色者为阴性。注意：甲基红试剂不能加得太多，否则可能呈假阳性。

六、实验结果与报告

1. 水解试验

(1) 淀粉水解试验

菌种	阴/阳性	结论
大肠杆菌 *Escherichia coli*		
枯草芽孢杆菌 *Bacillus subtilis*		
金黄色葡萄球 *Staphylococcus aureus*		
铜绿假单胞菌 *Pseudomonas aeruginosa*		

"+"表示阳性，可以水解淀粉，"—"表示阴性，不可以水解淀粉。

(2) 油脂水解试验

菌种	阴/阳性	结论
大肠杆菌 *Escherichia coli*		
枯草芽孢杆菌 *Bacillus subtilis*		
金黄色葡萄球 *Staphylococcus aureus*		
铜绿假单胞菌 *Pseudomonas aeruginosa*		

"+"表示阳性，可以水解油脂，"—"表示阴性，不可以水解油脂。

2. 糖发酵试验

(1) 葡萄糖发酵培养基

样品	大肠杆菌 *Escherichia coli*		普通变形杆菌 *Proteus vulgarris*		空白
	试管 1	试管 2	试管 3	试管 4	试管 5
颜色变化					
是否产气					
阴/阳性					
结 论					

“+”表示产酸或产气，“—”表示不产酸不产气。

(2) 乳糖发酵培养基

样品	大肠杆菌 *Escherichia coli*		普通变形杆菌 *Proteus vulgarris*		空白
	试管 1	试管 2	试管 3	试管 4	试管 5
颜色变化					
是否产气					
阴/阳性					
结 论					

“+”表示产酸或产气，“—”表示不产酸不产气。

3. IMViC 试验

(1) 吲哚试验

样品	大肠杆菌 *Escherichia coli*		产气肠杆菌 *Enterobacter aerogenes*	
	试管 1	试管 2	试管 1	试管 2
是否产生红色物质				
阴性/阳性				
结 论				

(2) 甲基红试验

样品	大肠杆菌 *Escherichia coli*		产气肠杆菌 *Enterobacter aerogenes*	
	试管 1	试管 2	试管 1	试管 2
颜色变化				
阴性/阳性				
结 论				

七、思考题

1. 你如何解释淀粉酶是胞外酶而非胞内酶？

2. 假如一种细菌可以有氧代谢葡萄糖，那么发酵试验中我们应该能够观察到怎样的实验现象？

3. IMViC 试验在微生物学检验上的意义有哪些？

4. 在细菌培养中吲哚试验检测的化学原理是什么？你能解释为什么在这个试验中用吲哚作为色氨酸酶活性的指示剂，而不是选择用丙酮酸呢？

实验十四 微生物的抗原与抗体反应实验（细菌的凝聚反应）

一、实验目的

1. 了解血清学方法的原理。
2. 血清学方法在微生物诊断中的作用。
3. 学会利用血清稀释法测定免疫血清的效价。

二、实验原理

颗粒性抗原（如细菌或红细胞）的悬液与含有特异性抗体的血清混合，在适量电解质存在的情况下，经过一定时间，出现肉眼可见的凝集块，称为凝集反应。参加反应的抗原称凝集原，其血清中的抗体，称为凝集素。凝集反应的机制是由于抗原与其相应抗体间存在着相对应的极性基。极性基的相互吸附，使抗原外周的水化膜除去，由亲水溶胶变成憎水溶胶。由于电解质具有降低电位的作用，使抗原颗粒间的排斥力消除，从而产生了凝集现象。进行细菌的抗原分析、鉴定及分型，也可应用已知细菌检查未知血清的抗体。有些细菌即使用生化反应很难区别，但其细菌抗原成分（包括菌体抗原、鞭毛抗原）却不同。利用已知的特异抗体测定有无相应的细菌抗原可以确定菌种或菌型。

凝集反应通常分为直接凝集反应和间接凝集反应两类。在直接凝集反应中，常用的有玻片和试管两种试验方法。常用的方法为玻片凝集反应，用已知的特异免疫血清与待鉴定的细菌在玻片上做凝集反应，如呈现片状凝集团则为阳性，说明该菌有相应的特异抗原。试管法可用于测定抗原或抗体的效价等定量试验，它是以不同稀释度的抗血清与等体积的抗原在试管中混匀，在适宜的反应条件下，观察试管中出现凝集的情况。

检测抗原的另一优点为在应用了抗生素治疗后，细菌生长被抑制，利用培养方法不能检出的细菌，因尚有抗原存在，在短期内仍可被检出，从而有助于明确病因。个别情况下还可利用噬菌体对细菌抗原型别进行分析，用于流行病学追踪调查。

三、实验材料

1. 菌种

大肠杆菌 *Escherichia coli* 斜面菌种。

2. 药品与试剂

大肠杆菌免疫血清、0.85%生理盐水。

3. 仪器与其他物品

水浴锅、恒温培养箱、移液管、载玻片、接种环、试管、试管架、记号笔等。

四、实验流程

稀释抗体→分区加样→加抗原进行混匀反应→结果判定

五、实验步骤

（一）玻片凝集反应

1. 稀释抗体

用生理盐水对大肠杆菌免疫血清做适当的稀释，稀释度为1∶10，装于小滴瓶中备用。

2. 分区加样

取洁净干燥的载玻片一个，用记号笔在玻片的两端划分两区，一端注明为试验区，一端注明为对照区。在试验区用滴瓶中的小滴管加1滴1∶10大肠杆菌免疫血清，在对照区加1滴生理盐水。

3. 加抗原反应

无菌操作用灭菌的接种环自大肠杆菌斜面上挑取少量菌种加入玻片上的试验区与大肠杆菌抗血清充分混匀。同样操作方法挑取少量大肠杆菌与对照区生理盐水搅拌混匀。室温静置1～3min。

4. 结果判定

观察试验区一端有凝集反应出现，即有凝集块或颗粒的形成，液体变得透明，为阳性反应；另一端对照区仍为均匀混浊。若抗体血清与抗原效价较高与接近，则凝集团或块就能迅速形成；若几分钟后仍不能判定，可再增加晃动的次数，或将玻片置于显微镜下观察，如果发现菌体形成小块片状者则为阳性反应。

（二）试管凝聚反应

此法为免疫血清定量测定效价法。

1. 制备菌悬液

用0.85%生理盐水洗下大肠杆菌斜面菌种，稀释至一定浓度，使得每毫升菌悬液含10^9个大肠杆菌。

2. 稀释抗体

取清洁干燥的小试管16支，排列在试管架上，分成两排（2个重复），依次编号。每一试管加0.5mL生理盐水。用移液管吸取0.5mL大肠杆菌血清（1∶100）加入第1支试管内，连续吹吸3次，使抗体与生理盐水充分混合，然后吸取该稀释液0.5mL加入第2支小试管内，依次类推，直至第7支试管。从第7支试管吸取0.5mL弃去。第8支试管不加大肠杆菌血清，其作为试验对照管。

3. 加抗原

用移液管分别吸取大肠杆菌悬液 0.5mL，每管加量为 0.5mL，从生理盐水对照管开始，依次由后向前移加。各试管抗体与抗原充分混匀，置于 37℃水浴锅内保温 4h 或 37℃恒温培养箱培养过夜。

4. 结果判定

观察试管底部有无凝集现象，阴性与对照管的细菌会沉淀管底，形成边缘整齐、光滑的小圆块，轻轻晃动后，此时沉淀的菌体会分散成均匀混浊的菌液。而阳性管则会形成边缘不整齐的凝集团，试管液体上部澄清，半澄清或混浊，但混浊程度会明显低于对照管，当轻轻摇动后，试管的底部的凝集团会缓缓升起，呈现出片状或块状。

凝集强弱的判断标准如下。

① 完全凝集，凝集块完全沉于管底，液体澄清，以“＋＋＋＋”记录，表示最强凝集。

② 凝集块沉于管底，液体稍混，以“＋＋＋”记录，表示强凝集。

③ 部分凝集，液体混浊，以“＋＋”记录，表示中度凝集。

④ 极少凝集，液体混浊，以“＋”记录，表示弱凝集。

⑤ 试管晃动前后与对照管相比较无异样现象，无变化，以“－”记录，表示不凝集。

取“＋＋”的稀释度作为免疫血清的效价。

六、注意事项

1. 试验中用到的载玻片、移液管、试管等必须清洁干净、干燥。
2. 在对倍稀释过程中，需要防止产生气泡影响试验结果。

七、实验结果与报告

1. 请将玻片凝集结果记录于下表中。

项目	生理盐水＋大肠杆菌	大肠杆菌抗血清＋大肠杆菌
画图表示凝集现象		
结果判定		

2. 请将试管凝集反应试验结果记录于下表中。

项目	1	2	3	4	5	6	7	8
抗血清最终稀释度	1∶200	1∶400	1∶800	1∶1600	1∶3200	1∶6400	1∶12800	对照
判定结果								

注：以“＋”表示阳性，“－”表示阴性。

3. 确定大肠杆菌免疫血清的效价。

八、思考题

1. 血清学反应是否必须要有电解质存在？生理盐水中的电解质在凝集反应中有什么作用？

2. 玻片凝集反应与试管凝集反应各有什么优缺点？

3. 如何判定免疫血清的效价？

实验十五　不同环境对微生物生长的影响

一、实验目的

1. 了解温度、渗透压、pH 值、紫外线等因素对微生物生长的影响。

2. 了解抗生素及常用化学消毒剂对微生物生长的影响。

二、实验原理

影响微生物生长的外界因素很多，其一是营养物质，其二是许多物理、化学因素。当环境条件改变，在一定限度内可引起微生物形态、生理、生长、繁殖等特征的改变；当环境条件的变化超过一定极限时，则导致微生物的死亡。研究环境条件与微生物之间的相互关系，有助于了解微生物在自然界的分布与作用，也可指导人们在食品加工中有效地控制微生物的生命活动，保证食品的安全性，延长食品的货架期。

温度是影响微生物生长繁殖最重要的因素之一。在一定温度范围内，机体的代谢活动与生长繁殖随着温度的上升而增加，当温度上升到一定程度，开始对机体产生不利的影响，如再继续升高，则细胞功能急剧下降以致死亡。

在等渗溶液中，微生物正常生长繁殖；在高渗溶液中，微生物细胞脱水收缩而发生质壁分离，造成细胞代谢活动成抑制状态甚至死亡；在低渗溶液中，微生物细胞会吸水膨胀，同样会在一定程度上影响细胞的正常生长代谢。

pH 值过高或过低均会使得微生物的蛋白质、核酸等生物大分子所带电荷发生变化，影响其生物活性，还可以引起细胞膜电荷变化，影响细胞对营养物质的吸收，同时还改变环境中营养物质的可给性及有害物质的毒性。因此，微生物都只能在一定的 pH 值范围内生长。

电磁辐射包括可见光、红外线、紫外线、X 射线和 γ 射线等均具有杀菌作用。紫外线波长以 265～266nm 的杀菌力最强，其杀菌机理是复杂的。细胞原生质中的核酸及其碱基对紫外线吸收能力强，吸收峰为 260nm，而蛋白质的吸收峰为 280nm，当这些辐射能作用于核酸时，便能引起核酸的变化，破坏分子结构，主要是对 DNA 的作用，最明显的是形成胸腺嘧啶二聚体，妨碍蛋白质和酶的合成，引起细胞死亡。紫外线的杀菌效果因菌种及生理状态而异，照射时间、距离和剂量的大小也有影响，由于紫外线的穿透能力差，不易透过不透明的物质，即使一薄层玻璃也会被滤掉大部分，在食品工业中适于厂房内空气及物体表面消毒。

在自然界中微生物之间普遍存在拮抗作用，许多微生物可以产生抗生素，能选择性抑制或杀死其他微生物。利用滤纸条法可以初步测定抗生素的抗菌谱。

常用的化学消毒剂主要有重金属及其盐类、有机溶剂（酚、醇、醛等）。甲醛是一种常用的杀细菌与杀真菌剂，杀菌机理是与蛋白质的氨基结合而使蛋白质变性致死。甲醛溶液可作为熏蒸消毒剂，对空气和物体表面有消毒效果，但不适宜于食品生产场所的消毒。重金属盐类对微生物都有毒害作用，其机理是金属离子容易和微生物的蛋白质结合而发生变性或沉淀。汞、银、砷的离子对微生物的亲和力较大，能与微生物酶蛋白的巯基结合，影响其正常代谢。汞化合物是常用的杀菌剂，杀菌效果好，用于医药工业中。重金属盐类虽然杀菌效果好，但对人有毒害作用，所以严禁用于食品工业中进行防腐或消毒。

三、实验器材

1. 菌种

大肠杆菌 *Escherichia coli*、枯草芽孢杆菌 *Bacillus subtilis*、金黄色葡萄球菌 *Staphylococcus albus*、啤酒酵母 *Saccharomyces cerevisiae* 的斜面菌种。

2. 培养基

（1）牛肉膏蛋白胨液体培养基　牛肉膏 3g，蛋白胨 10g，氯化钠 5g，自来水 1000mL，pH7.2～7.4。

（2）马铃薯葡萄糖液体培养基　马铃薯 200g，葡萄糖 20g，自来水 1000mL。

3. 溶液及试剂

氯化钠、青霉素溶液、氨苄青霉素溶液、2.5 %碘酒、0.1 %升汞、5 %石炭酸、75 %乙醇、无水乙醇、0.2%甲醛溶液、无菌生理盐水等。

4. 仪器及其他用具

恒温培养箱、超净工作台、721 型分光光度计、酒精灯、无菌培养皿、无菌滤纸片、试管、吸管、三角涂棒、黑纸片、镊子、格尺等。

四、实验流程

（1）温度试验：倒平板→接种→培养→观察。

（2）渗透压试验：倒平板→接种→培养→观察。

（3）pH 试验：制备菌悬液→接种→培养→观察。

（4）紫外线试验：制备菌悬液→接种→紫外线照射→培养→观察。

（5）抗生素试验：倒平板→贴滤纸条→接种→培养→观察。

（6）化学消毒剂试验：制备菌液→倒平板→接种→分区→贴滤纸片→培养→观察测定。

五、实验步骤

（一）温度试验

1. 倒平板

将灭菌后的牛肉膏蛋白胨培养基在无菌条件下倾倒平板，每皿用量约 20mL。凝固后，备用。

2. 接种

取 8 个空白平板，无菌条件下分别用接种环挑取斜面的大肠杆菌和金黄色葡萄球菌划线接种于空白平板上。每种接 4 个平板。

3. 培养

将平板分别倒置于 10℃、20℃、37℃、60℃的不同培养温度下培养 24～48h。

4. 观察

观察并记录不同培养温度对不同微生物生长的影响。

（二）渗透压试验

1. 倒平板

无菌操作将分别含 0.85%、5%、10%、15%、25%的氯化钠牛肉膏蛋白胨培养基倾倒平板。凝固后备用。

2. 接种

取 10 个空白平板，无菌条件下分别用接种环挑取斜面的大肠杆菌和金黄色葡萄球菌划线接种于空白平板上。每种接 5 个平板。

3. 培养

将平板倒置于 37℃的恒温培养箱中，培养 48～72h。

4. 观察

观察并记录不同盐浓度下对不同微生物生长的影响。

（三）pH 试验

1. 制备菌悬液

分别取 1 支培养 24h 的大肠杆菌和啤酒酵母斜面菌种，加入无菌生理盐水 5mL，制成菌悬液。

2. 接种

以无菌操作分别用无菌吸管吸取 0.2mL 的大肠杆菌和啤酒酵母菌悬液，分别接种于四种不同 pH 值的牛肉膏蛋白胨液体培养基和马铃薯葡萄糖液体培养基试管中。

3. 培养

将接种大肠杆菌的试管置于 37℃恒温培养箱中培养 24～48h。将接种啤酒酵母的试管置于 28℃的恒温培养箱培养 48h。

4. 观察

根据菌液的混浊程度判定微生物在不同 pH 值下的生长情况，并测定波长 420nm 下的 OD 值，确定每种菌的最适生长 pH 值。

（四）紫外线试验

1. 制备菌悬液

无菌操作用接种环取大肠杆菌、枯草芽孢杆菌、金黄色葡萄球菌斜面菌种1～2环接种于牛肉膏蛋白胨液体培养基试管中，37℃培养18～24h。

2. 接种

用灭菌的吸管分别吸取上述培养的三种菌的培养液0.2mL注入相应的牛肉膏蛋白胨琼脂平板上，用三角形无菌玻璃涂棒将菌液涂布均匀，再以无菌三角形黑纸遮盖平板中央。

3. 紫外线照射

紫外灯预热10min之后，将皿盖打开，照射距离30cm，照射20min。照射后，去掉黑纸，盖上盖子。

4. 培养

用黑纸包裹平板，倒置于37℃恒温培养箱中，培养24h后观察平板上三种菌生长的情况，以判断其对紫外线的抵抗能力的大小。

（五）抗生素试验

1. 倒平板

将灭菌后的牛肉膏蛋白胨培养基在无菌条件下倾倒平板，每皿用量约15mL。凝固后备用。

2. 贴滤纸条

无菌条件下，用镊子取无菌滤纸条分别浸入青霉素和氨苄青霉素溶液湿润，再将滤纸条分别贴在两个平板上。

3. 接种

无菌条件下，用灭菌的接种环分别挑取少量的金黄色葡萄球菌、枯草芽孢杆菌和大肠杆菌，从滤纸条的边缘分别垂直向外划线接种。

4. 培养

将上述接种后的平板倒置于37℃恒温培养箱中，培养24h。

5. 观察

观察不同细菌生长情况，绘图说明青霉素和氨苄青霉素对大肠杆菌、金黄色葡萄球菌和枯草芽孢杆菌的抑菌能力的大小。

（六）化学消毒剂试验

1. 制备菌液

无菌操作条件下，用接种环挑取金黄色葡萄球菌1～2环接入装有5mL牛肉蛋白胨液体培养基的试管中，置于37℃恒温培养箱培养18～24h。

2. 倒平板

将已灭菌的牛肉膏蛋白胨琼脂培养基倒入无菌培养皿中，每皿约15mL，凝固后，备用。

3. 接种

用无菌吸管吸取 0.2mL 的金黄色葡萄球菌液体培养物加入至空白平板上，然后用无菌三角形玻璃涂棒涂布均匀。

4. 分区

在平板的皿底用记号笔划分 5 个分区，每一分区标出一种待试验的消毒剂名称。

5. 贴滤纸片

无菌操作，用无菌镊子取无菌滤纸片分别浸入各种消毒剂润湿，在容器内壁沥去多余的液体，再用镊子捏住滤纸片分别贴在平板分区上的相应位置上，在平板中央贴上仅蘸有无菌生理盐水的滤纸片作为试验对照。

6. 培养

将平板倒置于 37℃的恒温培养箱中，培养 24h。

7. 观察测定

测定抑菌圈直径的大小。根据其直径的大小，初步确定测试消毒剂的抑菌作用能力的大小。

六、实验结果与报告

1. 比较不同微生物在不同温度下的生长状况，将观察到的结果记录于下表中。

菌名	生长温度			
	10℃	20℃	37℃	60℃
大肠杆菌 *Escherichia coli*				
金黄色葡萄球菌 *Staphylococcus albus*				

2. 比较不同微生物在不同盐浓度下的生长状况，将观察到的结果记录于下表中。

菌名	氯化钠浓度				
	0.85%	5%	10%	15%	20%
大肠杆菌 *Escherichia coli*					
金黄色葡萄球菌 *Staphylococcus albus*					

3. 将测定结果填写于下表中，说明两种微生物生长的 pH 值范围及最适 pH 值。

菌名	OD 值				
	pH3.0	pH5.0	pH7.0	pH9.0	pH11.0
大肠杆菌 *Escherichia coli*					
啤酒酵母 *Saccharomyces cerevisiae*					

4. 请将紫外线照射后，所观察到的三种菌在平板上生长的情况记录于下表中。

处理因素	菌名	结果
紫外线照射	大肠杆菌 *Escherichia coli*	
	枯草芽孢杆菌 *Bacillus subtilis*	
	金黄色葡萄球菌 *Staphylococcus albus*	

5. 根据你所观察到的结果，绘图说明青霉素和氨苄青霉素对大肠杆菌、金黄色葡萄球菌和枯草芽孢杆菌的抑菌能力的大小，并分析其原因。

6. 请将采用滤纸片法测定的多种消毒剂对细菌抑制作用的结果填写至下表中。

金黄色葡萄球菌	2.5%碘酒	0.1%升汞	5%石炭酸	75%乙醇	无水乙醇	0.2%甲醛
抑菌圈直径/mm						

七、思考题

1. 请列举生产生活中利用温度、pH 值、渗透压等抑制微生物生长的例子。
2. 试验中的无水乙醇是否有抑菌作用？为什么？
3. 根据自身试验体会，思考无菌操作在微生物实验中有哪些重要的作用。

实验十六 食品中常用的食品防腐剂抑菌效果的测定技术

一、实验目的

1. 学会利用滤纸片法测定食品防腐剂对某些微生物的抑制作用。
2. 学会利用管碟法（牛津杯法）测定食品防腐剂的抑菌效果。
3. 了解不同浓度食品添加剂对微生物抑菌活性的影响。

二、实验原理

食品防腐剂种类很多，包括化学合成的防腐剂和天然防腐剂。抑菌效果与防腐剂的使用浓度有密切联系。

山梨酸钾是一种微生物抑制剂，主要是通过抑制微生物体内的脱氢酶系统，从而抑制微生物的生长和起防腐作用，对细菌、霉菌、酵母菌均有抑制作用。在 pH6.0 以下对霉菌和酵母菌有明显的抑制作用，在 pH>6.5 时无效。牛津杯里的防腐剂向琼脂培养基扩散渗透，通过对试验菌的抑杀作用而影响细菌的生长繁殖，在牛津杯周围形成抑菌圈。依据抑菌圈的大小可以判断抑菌能力的强弱。本实验分别采用滤纸片法和牛津杯法检测山梨酸钾对某些微生物的抑菌活性。

三、实验材料

1. 菌种

大肠杆菌 *Escherichia coli*、枯草芽孢杆菌 *Bacillus subtilis*、金黄色葡萄球菌 *Staphylococcus albus*、啤酒酵母 *Saccharomyces cerevisiae* 等斜面菌种。

2. 培养基

(1) 牛肉膏蛋白胨琼脂培养基　牛肉膏 3g，蛋白胨 10g，氯化钠 5g，琼脂 15～20g，自来水 1000mL，pH7.2～7.4。

(2) 马铃薯葡萄糖琼脂培养基（简称 PDA）　马铃薯 200g，葡萄糖（蔗糖）20g，琼脂 15～20g，自来水 1000mL，pH 值自然。

3. 药品与试剂

除培养基的各成分物质外，另有山梨酸钾溶液（0.20%、0.30%、0.40%、0.50%）、无菌生理盐水、革兰氏染色液。

4. 仪器及其他材料

恒温培养箱、超净工作台、1mL 移液管、无菌陶瓦盖培养皿、无菌牛津杯、灭菌的滤纸片（直径约 10mm）、吸管、酒精灯、镊子、接种环、游标卡尺等。

四、实验流程

（一）滤纸片法

制备菌悬液→加样品→倒平板→加滤纸片→培养→测定

（二）牛津杯法（管碟法）

制备菌悬液→倒平板→加牛津杯→培养→测定

五、实验步骤

（一）滤纸片法

1. 制备菌悬液

取大肠杆菌斜面菌种，无菌操作用 5mL 灭菌生理盐水洗下菌苔，制成浓度为每毫升含 10^9 个细胞的菌悬液。对枯草芽孢杆菌、金黄色葡萄球菌和啤酒酵母菌的菌悬液的制备方法同上。

2. 倒平板

分别用 1mL 无菌吸管吸取上述菌悬液 0.2mL，加入相应的空白培养皿中。将熔化到 50℃左右的不同培养基倒入相应的培养皿中迅速与菌液混匀，凝固后，制成含菌平板。每个平板划分 4 个区域，分别标明不同浓度山梨酸钾溶液（0.20%、0.30%、0.40%、0.50%）。

3. 加滤纸片

无菌操作，用无菌镊子将浸有不同浓度山梨酸钾的无菌圆滤纸片放入含菌的相应区域内。

4. 培养

将大肠杆菌、金黄色葡萄球菌和枯草芽孢杆菌平板置于37℃恒温培养箱中培养18h。啤酒酵母于28℃培养48h。

5. 测定

培养后，用游标卡尺测定抑菌圈直径，并求出每种浓度的山梨酸钾抑菌圈的平均值。根据抑菌直径的大小，初步判定防腐剂的抑菌效能。

(二) 牛津杯法

1. 制备菌悬液

取大肠杆菌斜面菌种，无菌操作用5mL灭菌生理盐水洗下菌苔，制成浓度为每毫升含10^9个细胞的菌悬液。对枯草芽孢杆菌、金黄色葡萄球菌和啤酒酵母菌的菌悬液的制备同上方法。

2. 倒平板

将熔化到50℃左右的不同培养基倒入灭菌的培养皿中，每皿约15mL，置于水平位置凝固后，制得底层培养基；再取0.2mL菌悬液迅速与10mL相同的培养基(50℃左右）混匀，随后立即注入上述底层培养基上使之均匀分布。

3. 加牛津杯

凝固后，在每个双层平板中以无菌镊子等距离均匀放置6个牛津杯，并标记山梨酸钾的浓度，加入不同浓度的山梨酸钾0.2mL，每种处理3个重复。注意牛津杯内加入山梨酸钾溶液后不要再移动。

4. 培养

大肠杆菌、金黄色葡萄球菌和枯草芽孢杆菌平板，置于37℃恒温培养箱中培养18h。啤酒酵母于28℃培养48h。

5. 测定

培养后，用游标卡尺测定抑菌圈直径，并求出每种浓度的山梨酸钾抑菌圈的平均值。根据抑菌直径的大小，初步判定防腐剂的抑菌效能。

六、实验结果与报告

请将测定的抑菌圈直径（mm）结果填入下表中。

方法	菌名	山梨酸钾的浓度			
		0.20%	0.30%	0.40%	0.50%
滤纸片法	啤酒酵母 *Saccharomyces cerevisiae*				
	大肠杆菌 *Escherichia coli*				
	枯草芽孢杆菌 *Bacillus subtilis*				
	金黄色葡萄球菌 *Staphylococcus albus*				

续表

方法	菌名	山梨酸钾的浓度			
		0.20%	0.30%	0.40%	0.50%
牛津杯法	啤酒酵母 *Saccharomyces cerevisiae*				
	大肠杆菌 *Escherichia coli*				
	枯草芽孢杆菌 *Bacillus subtilis*				
	金黄色葡萄球菌 *Staphylococcus albus*				

七、思考题

1. 采用滤纸片法和牛津杯法操作时有哪些需要特别注意的问题？

2. 山梨酸钾在食品中主要抑制哪些微生物？其抑制机理是什么？

实验十七　营养素对微生物生长的影响

一、实验目的

1. 了解六大营养素对微生物生长的影响。

2. 掌握无菌操作技术。

二、实验原理

微生物在新陈代谢活动中必须吸收充足的水分以及构成细胞物质的碳、氮、磷、钾、锌等矿物质元素和一些必要的生长辅助因子，才能正常地生长发育。本实验通过控制变量法来了解六大营养素对微生物生长的影响。

三、实验材料

1. 菌种

黑曲霉 *Aspergillus niger* 斜面菌种。

2. 培养基

完全培养基、缺 C 培养基、缺 N 培养基、缺 P 培养基、缺 K 培养基、缺 Zn 培养基、缺生长因子培养基。培养基配方见表 17-1。

表 17-1　培养基配方

原料	完全培养基	缺 C 培养基	缺 N 培养基	缺 P 培养基	缺 K 培养基	缺 Zn 培养基	缺生长因子培养基
蔗糖	50g	—	50g	50g	50g	50g	50g
硝酸铵	3g	3g	—	3g	3g	3g	3g

续表

原料	完全培养基	缺C培养基	缺N培养基	缺P培养基	缺K培养基	缺Zn培养基	缺生长因子培养基
磷酸二氢铵	2g	2g	2g	—	磷酸二氢钠 2g	2g	2g
硫酸镁	0.5g	0.5g	0.5g	0.5g	0.5g	0.5g	0.5g
硫酸亚铁	0.1g	0.1g	0.1g	0.1g	0.1g	0.1g	0.1g
1%硫酸锌	5mL	5mL	5mL	5mL	5mL	—	—
氯化钠	—	5g	2g	氯化钾 1g	—	—	—
酵母膏	1g	1g	1g	1g	1g	1g	—

注：1000mL蒸馏水按表中配方配成不同种类的培养基，pH值自然。

3. 试剂

无菌水、蔗糖、硝酸铵、磷酸二氢铵、硫酸镁、硫酸亚铁、1%硫酸锌、氯化钠、氯化钾、磷酸二氢钠、酵母膏。

4. 仪器与材料

高压灭菌锅、恒温培养箱、接种环、酒精灯、无菌吸管、试管、火柴等。

四、实验流程

制备培养基→孢子悬液制备→接种→培养→观察

五、实验步骤

1. 培养基制备

本实验分组配制培养基。培养基分装试管，取容积10mL试管，每管装量4～5mL，在121℃灭菌30min，制备试管斜面。

2. 孢子悬液制备

取无菌水试管1支，用接种环从黑曲霉斜面菌种管中挑取菌体2～3环，放入无菌水中，充分混匀，备用。

3. 接种

每人取完全、缺C、缺N、缺P、缺K、缺Zn、缺生长因子培养基各一支试管斜面，用1mL无菌吸管按无菌操作法接种黑曲霉孢子悬液0.5mL。每一小组做一套培养基，不接种斜面试管作为空白对照。

4. 观察

接种后，将斜面置25℃温度下，培养5天，观察黑曲霉菌丝体及孢子生长情况。

六、实验结果与报告

观察斜面上黑曲霉菌丝体和孢子的生长情况，并记录在下表中。

项目	完全 培养基	缺 C 培养基	缺 K 培养基	缺 P 培养基	缺 K 培养基	缺 Zn 培养基	缺生长因子培养基
菌丝生长状况							
孢子生长状况							

注:“＋＋＋＋”表示生长良好;“＋＋＋”表示生长较好;“＋＋”表示生长一般;“＋”表示生长较差;“—”表示没有生长。

七、思考题

1. 该实验用细菌类微生物作实验菌种能观察到明显的结果吗？为什么？
2. 在实验的过程中，哪些步骤比较重要？为什么？

实验十八　紫外线人工诱变细菌产淀粉酶的育种技术

一、实验目的

1. 学习菌种的物理因素诱变育种基本技术。
2. 观察紫外线对细菌产淀粉酶的诱变效应。
3. 了解淀粉酶活力的测定方法。

二、实验原理

紫外线是一种最常用有效的物理诱变因素，其诱变效应主要是由于它引起 DNA 结构的改变而形成突变型。DNA 对紫外线有强烈的吸收作用，特别是碱基中的嘧啶，它要比嘌呤更加敏感。紫外线引起 DNA 结构变化的形式有很多，例如 DNA 链的破坏、碱基的破坏等等。但其最主要的作用是使 DNA 的相邻嘧啶间形成胸腺嘧啶二聚体，阻碍碱基间的正常配对，进而导致微生物突变或者死亡。（注意：因紫外线损伤的 DNA 能被可见光复活，故经处理后的微生物菌种要避免长波光和可见光的照射，可将紫外线照射后的样品用黑纸、黑布包裹，或者辐射和处理后的培养在红光下进行。）

三、实验材料

1. 菌种

产淀粉酶枯草芽孢杆菌 *Bacillus subtilis*。

2. 培养基和试剂

0.8%生理盐水，肉汤培养基，淀粉琼脂培养基（固体），牛肉膏蛋白胨培养基（液体），磷酸氢二钠-柠檬酸缓冲液，2%可溶性淀粉，标准终点色溶液，75%酒精，蒸馏水 200mL。

(1) 肉汤培养基

① 配方 牛肉 500g，氯化钠 5g，蛋白胨 10g，磷酸氢二钾 2g，蒸馏水 1000mL。

② 制法 将新鲜牛肉绞碎，加蒸馏水 1000mL，放入冰箱过夜，除去表面油脂，煮沸 30～60min，脱脂棉过滤，加水补足原量，此即牛肉浸液。每 1000mL 浸液加入蛋白胨 10g、氯化钠 5g、磷酸氢二钾 2g，加热溶解。调节 pH 值至 7.4～7.6，煮沸 30min，冷后滤纸过滤。分装试管，高压灭菌 15min。

(2) 淀粉琼脂培养基（固体）

① 配方 可溶性淀粉 20g，KNO_3 1g，NaCl 0.5g，K_2HPO_4 0.5g，$MgSO_4 \cdot 7H_2O$ 0.5g，$FeSO_4$ 0.01g，琼脂 18～20g，蒸馏水 1000mL。

② 制法 配制时，先用少量冷水，将淀粉调成糊状，在火上边搅拌边加水及其他成分，待全部溶化后，补足水分至 1000mL，调节 pH 值至 7.2，高压灭菌 20min。

3. 仪器与材料

离心机，移液枪，恒温摇床，培养箱，装有 15W 或 30W 紫外灯的超净工作台，电磁力搅拌器（含转子），低速离心机，电炉，试管，移液管，锥形瓶，量筒，烧杯，培养皿，涂布器，直尺，棉签，橡皮手套，洗耳球，10mL 离心管（1mL、5mL、10mL 吸管）。

四、实验流程

菌体培养→菌悬液制备→平板制作→诱变处理→菌液涂匀→培养→观察效应→斜面保藏

五、实验步骤

1. 菌体培养

取枯草芽孢杆菌一环接种于盛有 20mL 肉汤培养基的 250mL 锥形瓶中，于 37℃振荡发酵培养 12h，配成发酵液。

2. 菌悬液制备

取 5mL 发酵液于 10mL 离心管中，以 3000r/min 离心 10min，弃去上清液。将菌体用无菌生理水洗涤 2 次，最后制成菌悬液，用血细胞计数板在显微镜下直接计数。调整细胞浓度为 10^8 个/mL。

3. 平板制作

将淀粉琼脂培养基熔化后，冷至 45℃倒平板。

4. 诱变处理

取制备好的菌悬液 4mL 移入 6cm 的无菌培养皿中，放入无菌磁力搅拌棒，置电磁搅拌器上于超净工作台紫外灯下（距离 30cm）照射 1min、2min、3min。可以累积照射，也可以分别照射不同时间，所有操作需在红灯下进行。

注意事项：紫外线对人体的细胞（尤其是人的眼睛和皮肤）有伤害，长时间与紫外线接触会造成灼伤。故操作时要带防护眼镜，操作尽量控制在防护罩内。

5．稀释涂布平板

在红灯下分别取未照射的菌悬液（作为对照）和照射过的菌悬液各 0.5mL 进行不同程度的稀释。取最后 3 个稀释度的稀释液涂于淀粉培养基平板上，每个稀释度涂 3 个平板，每个平板加稀释液 0.1mL，用无菌玻璃刮棒涂匀，37℃培养 48h（用黑布包好平板）。注意在每个平板背后要标明处理时间、稀释度、组别、座位号。

6．斜面保藏

在长出菌落的周围滴加碘液，观察并测定透明圈直径（C）和菌落直径（H）。挑取 C/H 最大值者，接入斜面保藏。

将培养后的平板取出进行细胞计数。根据平板上菌落数，计算出对照样品 1mL 菌液中的活菌数。

诱变效应检验：在平板菌类计数后，分别向菌落数在 5～6 个左右的平板内加碘液数滴，在菌落周围将出现透明圈，分别测量透明圈直径与菌落直径并计算比值（C/H 值），与对照平板进行比较。

根据结果说明紫外线对细菌产淀粉酶诱变的效果，选取 C/H 值大的菌落，移接至新鲜牛肉膏斜面上培养。此斜面可作复筛用。

计算公式：

$$存活率=\frac{处理后每毫升菌液中活菌数}{对照每毫升菌液中活菌数}\times 100\%$$

$$致死率=\frac{对照每毫升菌液中活菌数-处理后每毫升菌液中活菌数}{对照每毫升菌液中活菌数}\times 100\%$$

注意事项：空气在紫外灯照射下，会产生臭氧，臭氧也有杀菌作用。臭氧浓度过高，会引起人不舒服，同时也会影响菌体的存活率。臭氧浓度在空气中含量不能超过 0.1%～1%。

六、实验报告

请将紫外线照射后的诱变结果填写于下表中。

紫外线	存活率	死亡率	存活原因
照射 1min			
照射 2min			
照射 3min			

七、思考题

1．使用紫外线对菌（芽孢）悬液进行诱变时，为什么要用磁力搅拌器？

2．经紫外线处理后的操作和培养为什么要分别在暗处和红光下进行？

3．利用紫外线诱变育种，应注意哪些因素？

4．为什么诱变育种后要挑选 C/H 值最大者接入斜面保藏？

实验十九 大肠埃希氏菌营养缺陷型突变株的筛选技术

一、实验目的

1. 了解营养缺陷菌株选育的原理。

2. 掌握诱变产生营养缺陷型菌株的筛选技术。

二、实验原理

在以微生物为材料的遗传学研究中，用某些物理因素或化学因素处理细菌，可诱发基因突变。突变后丧失合成某一物质（如氨基酸、维生素等）的能力，不能在基本培养基上生长，必须补充某些物质才能生长的菌株，称为营养缺陷型。

营养缺陷型的筛选一般分为四个步骤，分别为诱变剂处理、淘汰野生型、检出营养缺陷型、鉴定营养缺陷型。经处理以后的细菌，缺陷型所占的比例还是相当小，必须设法淘汰野生型细胞，提高营养缺陷型细胞所占比例。浓缩缺陷型的方法有青霉素法、菌丝过滤法、差别杀菌法、饥饿法等，这些方法适用于不同的微生物。检出缺陷型的方法有逐个测定法、夹层培养法、限量补给法、影印培养法。本实验中选用影印培养法和逐个测定法。

三、实验材料

1. 菌种

大肠埃希氏菌 *Escherichia coli*。

2. 培养基和试剂

完全培养基、补充培养基、无氮基本培养基、氮源加富培养基、高渗基本培养基。培养基配方如下。

（1）完全培养基

① 成分　葡萄糖 2g，蛋白胨 10g，酵母膏 5g，NaCl 5g，琼脂 15g，蒸馏水 1000mL，pH7.2。

② 制法　将上述成分加热溶解，调节 pH 至 7.2，分装试管，121℃高压灭菌 15min。

（2）无氮基本培养基

① 成分　葡萄糖 2g，柠檬酸钠 · $3H_2O$ 5g，K_2HPO_4 0.7g，KH_2PO_4 0.3g，$MgSO_4 \cdot 7H_2O$ 0.01g，蒸馏水 100mL，pH7.2。

② 制法　将上述成分加热溶解，调节 pH 至 7.2，分装试管，121℃高压灭菌 20min。

（3）氮源加富培养基

① 成分　葡萄糖 2g，柠檬酸钠・$3H_2O$ 0.5g，K_2HPO_4 0.7g，KH_2PO_4 0.3g，$(NH_4)_2SO_4$ 0.2g，$MgSO_4\cdot 7H_2O$ 0.01g，蒸馏水 50mL，pH 7.2。

② 制法　将上述成分加热溶解，调节 pH 至 7.2，分装试管，121℃高压灭菌 20min。

(4) 补充培养基　在基本培养基中加入所需的补充物质即可。补充物质的含量一般是氨基酸 20μg/mL，碱基 10μg/mL，生物素 0.002μg/mL。

(5) 高渗基本培养基

① 成分　蔗糖 20g，$MgSO_4\cdot 7H_2O$ 0.2g，氮源加富培养液 100mL。

② 制法　将上述成分加热溶解，调节 pH 至 7.2，分装试管，121℃高压灭菌 20min。

3. 试剂

混合维生素、混合氨基酸、混合碱基、NTG、青霉素钠盐、生理盐水。

① 混合维生素　将硫胺素、核黄素、吡哆醇、维生素 C、泛酸、对氨基苯甲酸、叶酸和肌醇等维生素各取 50mg 混合，烘干，磨细并分装试管，避光保存。

② 混合氨基酸　按表 19-1 中氨基酸组合，分别称取等量（各 100mg 左右）的氨基酸于干净的研钵中，在 60～70℃烘箱中烘数小时，趁干燥立即磨细，分装在小试管中，避光保存。

③ 混合碱基　称取腺嘌呤、鸟嘌呤、次黄嘌呤、胸腺嘧啶和胞嘧啶各 50mg，混合后烘干，磨细，避光保存。

4. 仪器与材料

恒温培养箱、振荡培养箱、离心机、试管、无菌培养皿、锥形瓶、接种针、无菌涂布棒、接种环、无菌离心管、橡皮筋、大头针、记号笔、无菌吸管等。

四、实验流程

制备含菌平板→诱变处理→增殖培养→淘汰野生型→缺陷型的检出→用生长谱法鉴定营养缺陷型

五、实验步骤

1. 制备含菌平板

(1) 将活化的斜面菌种挑 1 环，接入含 5mL 完全培养液的试管中，在 37℃条件下培养，过夜。

(2) 次日，按 5%接种量取上述菌液于完全培养液中，放入 37℃培养箱，培养6～7h。

(3) 取 0.2mL 菌液于完全培养基的平板上，用无菌涂布玻棒将菌液均匀地涂满整个平板表面，倒置于 37℃恒温箱中，培养 2h。

2. 诱变处理

在上述含菌平板的中央和其他部位放少许 NTG（亚硝基胍）结晶，然后将平板倒置于 37℃恒温培养箱中，培养 24h。

3. 增殖培养

放有 NTG 药物的周围有一透明的抑菌圈，紧靠抑菌圈有一个生长较密集的生长圈，用接种环挑取该处菌苔，接入装有 20mL 完全培养基的锥形瓶中，置 37℃振荡培养过夜，使诱变后的突变体进行繁殖，以增加菌数。

4. 淘汰野生型（用青霉素法）

（1）培养菌液　取增殖后的菌液 5mL 于无菌离心管中，离心（3500r/min，10min），倒去上清液，再用生理盐水洗涤两次，离心，去上清液，然后约取 1/10 菌块，接种到含 5mL 无 N 基本培养液中，培养 12h。

（2）加青霉素　取上述培养菌液 5mL，加到含有 5mL 高渗培养液的锥形瓶中，再加入青霉素，使最终浓度约为 500U/mL。置 37℃继续培养 6h，离心，弃去上清液，重新悬浮于 5mL 无 N 基本培养液中，置冰箱保存。

（3）涂布平板　取上述培养液的原液和 10^{-1}、10^{-2} 的稀释液各 0.1mL，分别涂布于完全培养基的平板上，置 37℃培养 24h，然后选取合适的平板（长有 50～200 个菌落）用作营养缺陷型的检查（如无合适平板，可取保存于冰箱中经青霉素处理过的菌液，再行稀释、涂布）。

5. 缺陷型的检出

（1）用影印法检出缺陷型　将 15cm 见方的灭过菌的丝绒布用橡皮筋固定在直径略小于培养皿底的圆柱形木头上，将长有菌落的完全培养基平板倒扣在绒布上，轻压培养皿，使菌落印在绒布上作为印模，然后再分别转印至基本培养基和完全培养基平板上。37℃培养后，比较两皿上生长的菌落，如在完全培养基平板上长出菌落，而基本培养平板的相应位置上却无菌落出现，就可初步判断它是营养缺陷型菌株。

（2）用逐个点种法检出缺陷型　用大头针（插在灭过菌的软木塞上）从完全培养基平板上挑 100 个菌落，分别逐个点在基本培养基平板和完全培养基平板的相应位置上（各皿点 50 菌落），置 37℃恒温培养后，凡在完全培养基上生长而基本培养上不能生长的菌落，就可初步确定它是营养缺陷型。

将初步认为是缺陷型的菌落接至完全培养基斜面上，并编上号码，在 37℃下培养 24h 后取出，供鉴定用。

6. 用生长谱法鉴定营养缺陷型

（1）营养缺陷型的初测

① 制备平板　制备 3 只基本培养基平板，在皿底分别注明 A（氨基酸）、B（碱基）、V（维生素）。另制一个完全培养基平板（CM），作为对照。在 A、B、V 各皿中央分别放少量混合氨基酸、混合碱基和混合维生素。

② 制备菌液　从缺陷型菌株斜面上挑少许菌苔于装有 1mL 生理盐水的试管中（菌不宜过多），充分混匀，备用。

③ 接菌种　将 A、B、V 及对照皿划分成若干等份，并编上待测菌株号码。用直径为 0.3～0.4cm 的接种环蘸少许菌液，在平板的相应菌株号码的位置上划一直线。接种完毕，将所有平板置 37℃恒温培养 24h，观察。

④ 鉴定　经培养后观察各编号菌株在哪个培养皿上生长，就可初步鉴定某菌株

是属哪一大类的营养缺陷型。

（2）营养缺陷型的细测（以鉴定氨基酸缺陷型为例）

① 制备不同组合氨基酸　将 20 种氨基酸分成九组，其中 1～5 组的每个组含 4 种氨基酸，6～9 组的每组含 5 种氨基酸（表 19-1）。

表 19-1　九组氨基酸组合表

组别	第 1 组	第 2 组	第 3 组	第 4 组	第 5 组
第 6 组	丙氨酸	精氨酸	天冬酰胺	天冬氨酸	半胱氨酸
第 7 组	谷氨酸	谷氨酰胺	甘氨酸	组氨酸	异亮氨酸
第 8 组	亮氨酸	赖氨酸	甲硫氨酸	苯丙氨酸	脯氨酸
第 9 组	丝氨酸	苏氨酸	色氨酸	络氨酸	缬氨酸

② 制备含菌平板　从缺陷型菌株斜面上挑 2～3 环菌苔于装有 5mL 生理盐水的离心管中，离心 10min（3000r/min）后，弃去上清液，再用生理盐水洗涤 2 次，洗净菌体外所带的营养物，然后重新悬浮于 5mL 生理盐水中。取菌液 1mL 于无菌培养皿中，立即倒入熔化的基本培养基（注意控制温度），摇匀，平置凝固。每个菌株各做 2 个平板。

③ 加氨基酸　用记号笔将含菌平板底部划分成 5 个小区，并注明 1～5 号，另一皿注明 6～9 号，然后用顶端敲扁的接种针分别挑取少量（约半粒芝麻大小）的各组氨基酸于各小区中央，置 37℃条件下培养 24h，观察。

④ 鉴定　观察在哪一组氨基酸区域内出现混浊的生长圈，再参照氨基酸组合表，便可确定是哪一种氨基酸缺陷型。例如在第 4 组和第 7 组氨基酸区域内生长，那么就是组氨酸缺陷型。如果细菌生长在两氨基酸扩散的交叉处，其生长圈呈双凸透镜状，则说明该菌是需要两种氨基酸的双缺陷型。

若不是邻近的两种氨基酸的“双缺”或“三缺”，则需要用另一方法测定。即制备 4 只含菌平板，每皿划分成 5 个小区，然后将 20 种氨基酸依次缺少 1 种，制成仅含有 19 种氨基酸的混合物，再分别加到各小区中央，经 37℃培养后，哪个小区菌不生长，就是那种氨基酸的缺陷型。若待测菌株较多时，可制成 20 个基本培养基的平板，使每只平板各缺少 1 种氨基酸，仅含有 19 种氨基酸的混合物放在平板中央，将待测菌在其四周划直线（放射状划线），经培养后，观察待测菌在哪个培养皿上不长，即是那种氨基酸的营养缺陷型。

注：1. NTG 是强诱变剂和致癌剂，使用时应注意安全。实验人员应戴橡胶手套和口罩，在打开 NTG 瓶盖时应谨慎，避免吸入粉尘或直接接触皮肤。

2. 凡带有 NTG 的器皿，必须在 1mol/L HCl 中浸泡 3～4h，待 NTG 破坏后才可清洗。

3. 在平板上作放射状接种菌液时，菌液不能挑太多，以防止菌液流到他处，影响正确判断。

六、实验结果与报告

将营养缺陷型突变株的鉴定结果填入下表中，并计算大肠埃希氏菌营养缺陷型的突变率。

缺陷型菌株编号	生长区	缺陷类型	缺陷标记
1			
2			
3			
4			
5			
6			
7			
8			
9			

缺陷型突变率计算公式：

$$缺陷型突变率=\frac{缺陷型菌株数}{被检测的菌落总数（点中总数）}\times 100\%$$

七、思考题

1. 挑选缺陷型菌落时应该注意哪些问题？

2. 论述青霉素淘汰野生型、浓缩缺陷型机理，为什么 G^+ 菌和 G^- 菌要采用不同浓度的青霉素？

实验二十　细菌原生质体制备与融合技术

一、实验目的

1. 掌握细菌原生质体的分离制备技术。

2. 观察细菌原生质体的形态。

二、实验原理

原生质体融合是将遗传性状不同的两个细胞的原生质体通过人工方法进行融合，借以获得兼有双亲遗传性状的稳定重组子的技术。该法克服了种属间杂交的“不育性”，可以进行远缘杂交。由于用酶解去除细胞壁，因此，即使相同接合型的真菌或不同种属间的微生物，皆可发生原生质体融合，产生重组子。

此外，基因重组频率高，重组类型多。原生质体融合时，由于聚乙二醇（PEG）起促融合的作用，使细胞相互凝结，可以提高基因重组率。原生质体融合后，两个基因的整套基因组相互接触，发生多位点的交换，从而产生了各种各样的组合，获得多种类型的重组子。

三、实验材料

1. 菌种

枯草芽孢杆菌 *Bacillus subtilis*。

2. 培养基

YEPD 高渗培养基（含 0.6mol/L 的 YNB 基本培养基），YEPD 培养基，YNB 高渗培养基，MM 基本培养基上，MM＋His 培养基，MM＋Ade 补充培养基。

（1）YNB 培养基　酵母氮碱基 6.7g，葡萄糖 20g，琼脂 20g，重蒸水 1000mL，pH6.2，同牛肉膏蛋白胨培养基，于 0.07MPa（90℃）灭菌 20min。

（2）YNB 高渗培养基　在 YNB 培养基中加入 0.6mol/L NaCl。

（3）YEPD 培养基　酵母粉 10g，蛋白胨 20g，葡萄糖 20g，蒸馏水 1000mL，pH6.0，115℃湿热灭菌 20min。

（4）YEPD 高渗培养基　在 YEPD 培养基中加入 0.6mol/L NaCl，3%琼脂。

（5）MM 基本培养基　葡萄糖 5g，$(NH_4)_2SO_4$ 2g，柠檬酸钠 1g，KH_2PO_4 4g，$MgSO_4 \cdot 7H_2O$ 0.2g，琼脂 15～17g，重蒸水 1000mL，pH7.2，0.1MPa 灭菌 20min。

（6）MM＋His 培养基　在 YNB 培养基中加入 His（组氨酸）3.5mg/100mL，琼脂 2%。

（7）MM＋Ade 补充培养基　在 YNB 培养基中加入 Ade（腺嘌呤）0.026%，琼脂 2%。

3. 试剂

生理盐水（0.85% NaCl），无菌水，姬姆萨氏染色液，高渗脱酶壁液，高渗缓冲液，高渗稳定剂，PEG 助融剂，巯基乙醇。

4. 仪器与材料

摇床，台式离心机，比色计，分光光度计，培养皿，移液管，试管，容量瓶，锥形瓶，烧杯，离心管，吸管，细菌过滤器，移液管。

四、实验流程

活化菌种→收集菌种→菌种的预处理→酶解脱壁→原生质体的再生→原生质体的融合→融合子再生→融合子检验

五、实验步骤

1. 活化菌种

将单倍体枯草芽孢杆菌和原菌接种于新鲜 YEPD 斜面，30℃培养 24h 后，各取一环枯草芽孢杆菌分别接种于 5mL 含有 YEPD 液体培养基的试管中，30℃静置培养 24h，取 0.3～0.5mL 转接至装有 50mL 新鲜 YEPD 液体培养基的 250mL 锥形瓶中，离心，收集菌种。

2. 收集菌种

从斜面上取两亲本菌株各一环枯草芽孢杆菌分别接种于 5mL 含有 YEPD 液体培养基的试管中，30℃静置培养 24h 后，摇床 30℃培养至对数期，细胞数达 10^7～10^8 个/mL，离心，收集菌种。

注意事项：由于原生质体对外界因素非常敏感，因此离心速度不得超过2000r/min，最好在 0℃条件下离心。

3. 菌种的预处理

菌体用生理盐水洗两次，去上清液后，于离心管中加入处理液。巯基乙醇的作用是使细胞壁的蛋白质二硫键打开，使细胞壁结构松弛，以利于酶解脱壁。

4. 酶解脱壁

于离心管中加入新鲜配制的酶液 5～10mL，轻轻摇动，酶浓度为 100μg/mL，悬浮细胞，然后于 30℃摇床轻轻振荡培养观察，每隔 1h 用高渗缓冲液稀释 100 倍，以血细胞计数板镜检计数细胞总数。同法操作，用无菌水稀释 100 倍计数完整细胞数，并按下式计算原生质体的形成率：

$$\text{原生质体的形成率}=\frac{\text{原生质体数}}{\text{原生质体数}+\text{完整细胞数}}\times 100\%$$

注意事项：由于实验周期较长，步骤较多，故一定要注意无菌操作，防止杂菌污染。原生质体镜检计数时，血细胞计数板内不能有水，否则原生质体会胀破。操作的动作要轻柔，避免人为造成原生质体破裂。

5. 原生质体的再生

将原生质体包埋于半固体琼脂中，并倾注于再生基本培养基上，采用双层培养法，可大大提高原生质体的再生率。首先在培养箱中烘数小时，使其表面脱水；然后将 10mL 预先保留在 40℃，含有 0.5%琼脂并混合了 1mL 原生质体悬液的 YEPD 高渗再生培养基倒入至底层平板中制成双层平板。

也可用涂布法，将纯化的原生质体悬液适当稀释后，各取 0.2mL，涂于含有 2.5%琼脂的 20mL 高渗 YEPD 再生培养基上，对照用无菌水稀释原生质体，均匀涂布于 YEPD 表面。30℃培养 48h，分别记录长出的菌落数，并按下式计算原生质体再生率：

$$\text{原生质体再生率}=\frac{\text{高渗 YEPD 长出的菌落数}-\text{对照 YEPD 长出的菌落数}}{\text{原生质体}}\times 100\%$$

6. 原生质体的融合

将双亲的高渗稳定液、原生质体悬液各 2mL 混合于试管中，30℃摇床振荡培养 15min 后，于低温条件下离心 20min，弃去上清液，菌体悬浮于 1mL PEG 助融剂中，于 30℃水浴振荡 20min，使助融剂与原生质体充分接触，立即离心，弃去上清液，并用高渗稳定液离心洗涤 2 次，除去助融剂，加入 0.5mL 高渗稳定液，制成高渗稳定原生质体融合液。

注意事项：融合步骤中双亲原生质体的量要基本一致。

7. 融合子再生

将含2%琼脂的YNB高渗再生基本培养基倒入平板约15mL，待凝固。各取0.1mL高渗稳定原生质体融合液按10倍稀释法稀释至10^{-3}，再吸取10^{-2}和10^{-3}两个稀释度各0.1mL于底层平板上，用玻璃涂布棒涂布均匀，每个稀释度涂两个平板，然后倒入含有1%琼脂的YNB高渗再生基本培养基约10mL，制成双层平板，于30℃培养5～7天后，从长出的菌落中选出融合子。按下式计算融合频率：

$$融合频率=\frac{高渗\ \mathrm{YNB}\ 长出的菌落数(融合子数)}{高渗\ \mathrm{YEPD}\ 长出的总菌落数}\times 100\%$$

注意事项：产生的融合子中可能含有杂合双倍体和单倍重组体不同的类型，前者性能不是很稳定，要选出性能稳定的单倍重组体，反复筛选出生产性能良好的融合子。

8. 融合子检验

将上述YNB高渗再生基本培养基上生长的菌落用影印方法分别依次转运到MM基本培养基、MM＋His培养基和MM＋Ade补充培养基平板上，30℃培养48h，生长者均为融合子，即野生型。

注意事项：不同菌种、同一菌种的不同株系以及一个菌株培养的不同时期，对酶液的敏感性不同，故要通过预备实验，才能对采用哪个时期的菌体制备原生质体以及对所用脱壁酶的种类和数量得出较正确的选择。

六、实验结果与报告

将实验结果填入下表。

菌种	原生质体形成率	原生质体再生率	融合频率
枯草芽孢杆菌			

七、思考题

1. 哪些因素影响原生质体的再生？
2. 如何挑选出融合子？
3. PEG促融剂有何作用？

实验二十一　几种常见的微生物菌种保藏技术

一、实验目的

1. 了解几种菌种保藏的基本原理。

2. 掌握几种常见微生物菌种保藏技术的方法。

二、实验原理

菌种保藏的原理主要是根据微生物的生理生化特点，人工制造低温、干燥、缺氧、缺乏各种营养素及添加保护剂等的条件，使微生物代谢处于不活泼、生长繁殖受到抑制的休眠状态。

常用的菌种保藏方法有斜面低温保藏法、半固体穿刺低温保藏法、液体石蜡保藏法、沙土管保藏法、液氮超低温保藏法、冷冻真空干燥法等。

三、实验材料

1. 菌种

待保藏的细菌、放线菌、酵母菌、霉菌。

2. 培养基

牛肉膏蛋白胨斜面和半固体深层培养基（培养细菌）、高氏一号琼脂斜面培养基（培养放线菌）、马铃薯蔗糖斜面培养基（培养霉菌）、麦芽汁琼脂培养基（培养酵母菌）、LB液体培养基（培养细菌）。

培养基配制方法如下。

（1）牛肉膏蛋白胨液体培养基

① 配方　牛肉膏3g，蛋白胨10g，NaCl 5g，水1000mL，pH7.4。

② 制法　将各成分溶解在水中，用1mol/L NaOH溶液调节pH值至7.4，分装在锥形瓶或试管中，121℃灭菌20min，备用。

（2）牛肉膏蛋白胨斜面体培养基

① 配方　牛肉膏3g，蛋白胨10g，NaCl 5g，琼脂15～20g，水1000mL，pH7.4。

② 制法　将除琼脂以外的成分溶解在水中，用1mol/L NaOH溶液调节pH至7.4，分装在锥形瓶中，然后加入1.5%～2.0%琼脂，121℃灭菌20min，倒平板备用。若制备斜面培养基则加热煮沸使琼脂熔化，趁热分装试管，121℃灭菌20min后，摆成斜面备用。

（3）牛肉膏蛋白胨半固体深层培养基

① 配方　牛肉膏蛋白胨液体培养基1000mL，琼脂4～5g，pH7.4。

② 制法　在牛肉膏蛋白胨液体培养基中加入0.4%～0.5%琼脂，加热溶解，分装试管，121℃灭菌20min，备用。

（4）马铃薯蔗糖琼脂培养基

① 配方　马铃薯（去皮）200g，蔗糖（或葡萄糖）20g，琼脂20g，水1000mL，pH值自然。

② 制法　将马铃薯去皮，切成小块，于锅中加水1000mL煮沸30min，用双层纱布过滤，并加水补足1000mL。再加入糖和琼脂，加热后分装，121℃灭菌20min。

（5）LB液体培养基

① 配方　胰化蛋白胨1g，酵母提取物0.5g，NaCl 1g，琼脂1.5～2g，蒸馏水

100mL，pH 7.0。

② 制法　将各成分溶解于 100mL 的蒸馏水中，用 1mol/L NaOH 溶液校正 pH 值至 7.0，121℃灭菌 20min，备用。

（6）高氏一号琼脂培养基

① 配方　可溶性淀粉 20g，硝酸钾 1g，NaCl 0.5g，琼脂 15～20g，$K_2HPO_4 \cdot 3H_2O$ 0.5g，$MgSO_4 \cdot 7H_2O$ 0.5g，$FeSO_4 \cdot 7H_2O$ 0.01g，蒸馏水 1000mL，pH7.2～7.4。

② 制法　配制时，先用少量冷水，将淀粉调成糊状，倒入煮沸的水中，在火上加热，边搅拌边加入其他成分。溶化后，加水至 1000mL，121℃灭菌 20min，备用。

（7）麦芽汁琼脂培养基

① 配方　10°Bx 或 12°Bx 新鲜麦芽汁 1000mL，琼脂 15～20g，pH5.5～6.0，在 10°Bx 或 12°Bx 新鲜麦芽汁加入 0.4%～0.5%琼脂。

② 制法　将一定量的干麦芽粉碎，加 4 倍于麦芽质量的 60℃水，在 60℃水浴锅保温糖化 3～4h，过程中需不断搅拌，并每隔一段时间取样，加碘液，观察糖化程度，若显蓝色，则糖化未彻底，继续糖化，直至碘液无蓝色反应为止。糖化完毕，用 5 层左右纱布过滤，除去残渣。每 1000g 麦芽粉可得 15～18°Bx 的麦芽汁 3500～4000mL，用水稀释至 10°Bx 或 12°Bx，用糖化计检测糖化液浓度。调节 pH 值至 5.5～6.0，备用。

3. 试剂

无菌水、无菌液体石蜡、无菌甘油（丙三醇，AR）。

4. 仪器与材料

高压灭菌锅、烘箱、火焰封口器、锥形瓶、电磁炉、不锈钢锅、带有螺口盖和空气密封圈的试管、无菌试管、无菌滴管、无菌吸管（1mL、5mL）、接种环、接种针、试管、牛皮纸、标签等。

四、实验流程

贴标签（样液制备）→接种→培养→保藏

五、实验步骤

（一）斜面低温保藏法（用于细菌、酵母菌、放线菌、霉菌的保藏）

1. 贴标签

在标签上注明菌种名和日期，贴在试管斜面的正下方。

2. 接种

将待保存的菌种以划线法（细菌、酵母菌）或上下涂布法、点植法（霉菌、放线菌等）接种于适宜的斜面培养基上。

3. 培养

细菌在 37℃培养 1～2 天，酵母菌在 25～28℃培养 2～3 天，放线菌和霉菌在 28℃分别培养 5～7 天和 3～5 天。

注意事项：必须用健壮的细胞或孢子作为保藏菌种。

4. 保藏

将培养好的菌种放于4℃冰箱中保藏。必要时用石蜡熔封管口外的棉塞，延长保存时间。

（二）半固体穿刺低温保藏法（适用于兼性厌氧细菌和酵母菌的保藏）

1. 贴标签

在标签上注明菌种名和日期，贴在半固体深层培养基试管上。

2. 接种

将待保存的菌种以穿刺法接种于适宜的半固体深层培养基中央部分。

注意事项：不要穿透培养基底部。

3. 培养

细菌在37℃培养1～2天，酵母菌在25～28℃培养1天。

4. 保藏

同斜面低温保藏法。

（三）液体石蜡保藏法（用于酵母菌、放线菌、霉菌保藏）

1. 无菌液体石蜡的制备

选用优质中性液体石蜡，装入100mL锥形瓶，每瓶装10mL，塞上棉塞，外面包上牛皮纸，121℃灭菌30min，置于105～110℃烘箱干燥2h，经无菌检测后备用。

2. 接种

将待保存的菌种以上下涂布法、点植法（霉菌、放线菌等）接种于适宜的斜面培养基上。

3. 培养

酵母菌在25～28℃培养2～3天，放线菌和霉菌在28℃分别培养5～7天和3～5天。

4. 保藏

用无菌吸管吸取无菌液体石蜡注入到已经长好的斜面培养基上，石蜡的量高出斜面顶端1cm左右，使菌种与空气隔离。放在4℃冰箱中保藏。

（四）甘油保藏法（适用于细菌保藏）

1. 无菌甘油的制备

将甘油装入100mL锥形瓶，每瓶装10mL，塞上棉塞，外面包上牛皮纸，121℃高压灭菌20min，置于40℃烘箱干燥2周，经无菌检测后备用。

2. 接种

将菌种接种于LB液体培养基试管中。

3. 培养

在37℃振荡培养至充分生长。

4. 保藏

用无菌吸管吸取0.85mL培养液，放于带有螺口盖和空气密封圈的试管，加入0.15mL无菌甘油，封口，振荡摇匀，然后将其放于液氮中速冻。最后将已经冰冻的含甘油的培养物置于－70℃超低温冰柜或－20℃低温冰柜中保藏。

保存到期后，用接种环从冻结的表面刮取培养物，接种于LB斜面上，37℃培养48h。用接种环挑取长好的培养物，置于装有2mL LB培养液的试管中，加入2mL含30％无菌甘油的LB液体培养基，振荡摇匀。最后装于带有螺口盖和空气密封圈的试管中，按照上述方法速冻保存。

六、实验结果与报告

列表说明上述四种常见菌种保藏方法的原理、适合保藏微生物的类型、保藏温度、保藏时间、优点、缺点。

保存方法	保藏原理	适合类型	保藏温度	保藏时间	优点	缺点
斜面低温保藏法						
半固体穿刺低温保藏法						
液体石蜡保藏法						
甘油保藏法						

七、思考题

1. 实验室中最常用哪种方法保藏菌种？
2. 简述微生物菌种保藏的一般原理。
3. 保藏菌种时有哪些注意事项？

第二部分　食品微生物学应用实验

实验二十二　食品生产用水中细菌总数的测定

一、实验目的

1. 了解水质评价的微生物卫生标准，明白其应用的重要性。

2. 学习并掌握用稀释倾注平板法测定生产用水中细菌总数的方法及原理。

二、实验原理

水的细菌总数是指1mL水样在普通培养基中经37℃、24h培养后所生长出的细菌菌落数，一般规定1mL水中细菌总数不超过100个。平板菌落计数法又称标准平板活菌计数法，是最常用的一种活菌计数法。

它是根据微生物在高度稀释条件下于固体培养基上所形成的单个菌落，是由一个单细胞繁殖而成，这一培养特征设计的技术方法，即一个菌落代表一个单细胞。计数时，根据待检样品的污染程度，做10倍递增系列稀释，制成均匀的系列稀释液。尽量使样品中的微生物细胞分散开，使之呈单个细胞存在。选择其中2～3个稀释度，使至少有1个稀释度的平均菌落数在30～300之间，再取一定量的稀释液接种到培养皿中，使其均匀分布于培养皿中的培养基内。经恒温培养后，由单个细胞生长繁殖形成菌落，统计菌落数，根据其稀释倍数和取样接种量，即可换算出样品中的活菌数。

三、实验材料

1. 样品

康师傅矿泉水或食品生产用水。

2. 培养基

牛肉膏蛋白胨琼脂培养基：

① 配方　牛肉膏3g，蛋白胨10g，NaCl 5g，琼脂15～20g，水1000mL，pH7.4。

② 制法　将除琼脂以外的成分溶解在水中，用1mol/L NaOH溶液调节pH值至7.4，分装在锥形瓶中，然后加入1.5%～2.0%琼脂，121℃灭菌20min，倒平板，备用。

3. 试剂

0.85%无菌生理盐水。

4. 仪器与其他用具

500mL 灭菌锥形瓶，灭菌平皿，灭菌 1mL 吸管，试管。

四、实验流程

水样采取→吸取水样→倾注平板→空白对照→倒置培养→菌落计数

程序检验图见图 22-1。

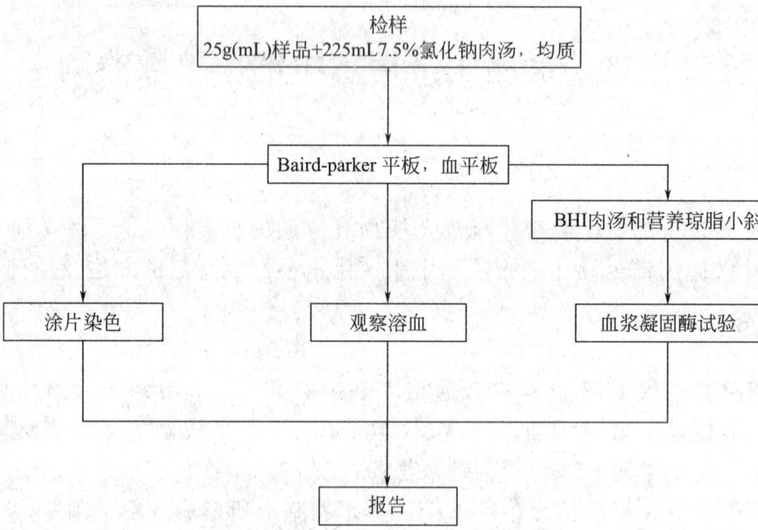

图 22-1　程序检验图

五、实验步骤

1. 水样的采取

先将自来水龙头用火灼烧 3min 灭菌，再开放水龙头使水流 5min 后在火焰旁边打开灭菌锥形瓶瓶塞，以其接取水样，以待分析。

注意事项：先将自来水龙头用酒精棉擦拭，火焰灼烧灭菌 3min，再开放水龙头使水流 5min 后，以灭菌锥形瓶接取水样约 350mL，以待分析。

2. 吸取水样

用灭菌吸管吸取 1mL 水样注入灭菌培养皿中，共做三个平行培养平皿。

注意事项：培养基要到 45～50℃才能倒入培养皿，太热会将水中的细菌杀死。吸取水样前，应将水样彻底搅动均匀。

3. 倾注平板

分别倾注约 15mL 已熔化并冷却到 45～50℃的牛肉膏蛋白胨琼脂培养基，并立即放在平整的桌面上，做平板旋转摇动，使水样与培养基充分混匀。

注意事项：

(1) 水与牛肉膏蛋白胨琼脂培养基的混合液不能超过培养基的1/2，过多浪费且容易造成污染。

(2) 在将水与牛肉膏蛋白胨琼脂培养基混合时要快一些，以防杂菌的污染；太慢会造成牛肉膏蛋白胨琼脂培养基凝固。

(3) 混合时要均匀，以使菌落能较好生长，水与之混合不均匀，使菌落生长在一块形成菌苔。

4. 空白对照

另外取一灭菌培养皿，不加水样，倾注牛肉膏蛋白胨琼脂培养基15mL，做空白对照。

5. 倒置培养

培养基凝固后，倒置于37℃的恒温培养箱，培养24h，菌落计数。

六、实验结果与报告

请将实验结果记录于下表中，并分析说明检验的结果是否符合国家标准。

平板	菌落数/个	1mL水中细菌总数	结果判定
1			
2			
3			

七、思考题

1. 从自来水的细菌总数结果来看，是否符合饮用水的标准？
2. 你所测的水的污染程度如何？结合实际，谈谈你的看法。

实验二十三　食品中大肠菌群数的检测技术

一、实验目的

1. 了解大肠菌群在食品卫生检验中的意义。
2. 学习并掌握大肠菌群的检验方法。

二、实验原理

大肠菌群系指一群能发酵乳糖、产酸产气、需氧和兼性厌氧的革兰氏阴性无芽孢杆菌。该菌群主要来源于人畜粪便，故以此作为粪便污染指标来评价食品的卫生质量，具有广泛的卫生学意义。它反映了食品是否被粪便污染，同时，间接地指出食品是否有肠道致病菌污染的可能性。食品中大肠菌群数系以每100g（或1mL）检样内大肠菌群最近似数（MPN）来表示。

三、实验材料

1. 检测样品

乳、肉、禽蛋制品、饮料、糕点、发酵调味品或其他食品。

2. 菌种

大肠埃希氏菌 *Escherichia coli*、产气肠杆菌 *Enterobacter aerogenes* 斜面菌种。

3. 培养基

单料乳糖发酵培养基、双料乳糖发酵培养基、乳糖胆盐发酵培养基、伊红美蓝琼脂（EMB）。

培养基配方如下。

（1）乳糖胆盐发酵培养基

① 配方　蛋白胨20g，牛胆盐5g，乳糖10g，1.6%溴甲酚紫酒精溶液（BCP）0.6mL，蒸馏水1000mL，pH7.4。

② 制法　将蛋白胨、胆盐及乳糖溶于水中，调节pH值至7.4，加入指示剂，每管10mL，0.07MPa（90℃）下灭菌15～20min。

注：双料乳糖胆盐发酵培养基除蒸馏水外，其他成分加倍。

③ 1.6%溴甲酚紫酒精溶液（BCP）　溴甲酚紫1.6g，95%乙醇50mL，蒸馏水50mL。精确称量溴甲酚紫1.6g，溶于50mL乙醇（95%）中，加入蒸馏水50mL，过滤后即可。

（2）乳糖发酵培养基

① 配方　蛋白胨20g，乳糖10g，1.6%溴甲酚紫酒精溶液（BCP）0.6mL，蒸馏水1000mL，pH7.4。

② 制法　将蛋白胨、乳糖溶于水中，调节pH值至7.4，加入指示剂，按照检验要求分装到3mL乳糖发酵管，并预先放置1个杜氏小管，0.07MPa灭菌15～20min。

注：双料乳糖发酵培养基除蒸馏水外，其他成分加倍。

（3）伊红美蓝琼脂（EMB）

① 配方　蛋白胨10g，乳糖10g，磷酸氢二钾2g，琼脂15g，伊红0.4g，美蓝0.065g，蒸馏水1000mL，pH7.1。

② 制法　将上述成分加热溶解，调节pH值至7.1，分装锥形瓶，121℃高压灭菌15min，备用。

4. 试剂

革兰氏染色液、0.85%灭菌的生理盐水（9mL/管）。

5. 仪器与材料

培养箱、恒温水浴锅、光学显微镜、电子天平、均质器或乳钵、温度计、无菌平皿、试管、锥形瓶、无菌吸管、载玻片、接种针、酒精灯、镊子等。

四、实验流程

样品的处理与稀释→乳糖初发酵试验（假定实验）→分离培养→乳糖复发酵试验（证实实验）

五、实验步骤

1. 样品的处理与稀释

（1）以无菌操作将检样25g（mL）放于含有225mL灭菌生理盐水或其他稀释液的灭菌玻璃瓶内（瓶内预置适当数量的玻璃珠）或灭菌乳钵内，经充分振摇或研磨制成1∶10的均匀稀释液。固体检样最好用无菌均质器，以8000r/min→10000r/min的速度处理1min，制成1∶10的稀释液。

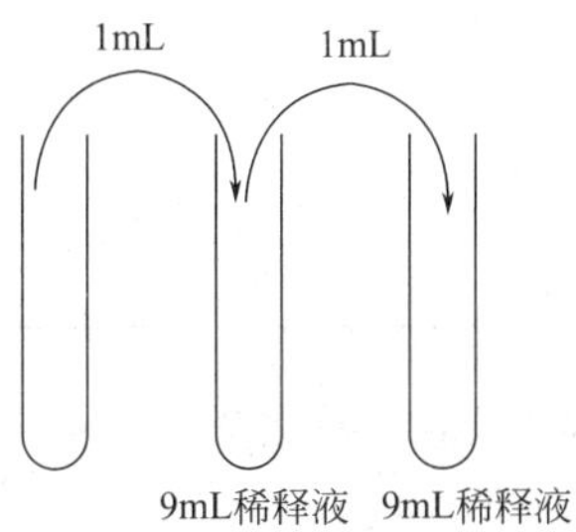

（2）用1mL灭菌吸管吸取1∶10稀释液1mL，注入含有9mL灭菌生理盐水或其他稀释液的试管内，振摇混匀，制成1∶100的稀释液。换用1支1mL灭菌吸管，按上述操作制成10^{-3}溶液。

（3）根据食品卫生要求或对检验样品污染情况的估计接种3管，也可直接用样品接种。

2. 乳糖初发酵试验（假定实验）

将待检样品接种于乳糖胆盐发酵管内，接种量在1mL以上，用双料乳糖胆盐发酵管1mL；1mL以下，用单料乳糖胆盐发酵管。接种时先取10^{-1}检样稀释液10mL（含检样量1g），接种于3个发酵管中，再取10^{-2}稀释液1mL（含检样量0.01g），接种于3个发酵管中。置（36±1)℃培养箱内，培养（24±2)h，若所有乳糖胆盐发酵管都不产气，则可报告为大肠菌群阴性；如有产气，则按下列程序进行。

注意事项：将发酵管上注明检样量、组别、日期。

3. 分离培养

将产气的发酵管分别接种在麦康凯琼脂（MB）平板上，（36±1)℃恒温培养18～24h，然后取出，观察菌落形态，挑选出紫、紫黑色带金属光泽的菌落，并做革兰氏染色镜检和复发酵试验。

4. 乳糖复发酵试验（证实实验）

在上述的选择性培养基上，挑取可疑大肠菌群1～2个进行革兰氏染色，同时接种乳糖发酵管，置（36±1)℃的温箱内培养（24±2)h，观察产气情况。若乳糖胆盐发酵管产气，而且经过革兰氏染色确认为G^-无芽孢杆菌，则可报告为大肠菌群阳性。

六、实验结果与报告

1. 将大肠菌群的测定结果填入下表。

接种量	管号	初发酵结果	有无典型或非典型菌落特征	革兰氏染色阳性或阴性	复发酵结果	大肠杆菌阴性或阳性
1mL(g)	1					
	2					
	3					
0.1mL(g)	1					
	2					
	3					
0.01mL(g)	1					
	2					
	3					

2. 根据实验所观察的大肠菌群的阳性管数，查 MPN 检索表，报告每 100mL (g) 中大肠菌群中的数量（MPN 值）。

大肠菌群 MPN 检索表

阳性管数			MPN	95%可信度	
1mL(g)×3	0.10mL(g)×3	0.01mL(g)×3	100mL(g)	下限	上限
0	0	0	<30	<5	90
0	0	1	30		
0	0	2	60		
0	0	3	90		
0	1	0	30	<5	15
0	1	1	60		
0	1	2	90		
0	1	3	120		
0	2	0	60		
0	2	1	90		
0	2	2	120		
0	2	3	160		
0	3	0	90		
0	3	1	130		
0	3	2	160		

阳性管数			MPN	95%可信度	
1mL(g)×3	0.10mL(g)×3	0.01mL(g)×3	100mL(g)	下限	上限
0	3	3	190		
1	0	0	40	<5	200
1	0	1	70	10	210
1	0	2	110		
1	0	3	150		
1	1	0	70	10	230
1	1	1	110	30	360
1	1	2	150		
1	1	3	190		
1	2	0	110	30	360
1	2	1	150		
1	2	2	200		
1	2	3	240		
1	3	0	160		
1	3	1	200		
1	3	2	240		
1	3	3	290		
2	0	0	90	10	360
2	0	1	140	30	370
2	0	2	200		
2	0	3	260		
2	1	0	150	30	440
2	1	1	200	70	890
2	1	2	270		
2	1	3	340		
2	2	0	210	40	470
2	2	1	280	100	1500
2	2	2	350		
2	2	3	420		
2	3	0	290		
2	3	1	360		
2	3	2	440		
2	3	3	530		

续表

阳性管数			MPN	95%可信度	
1mL(g)×3	0.10mL(g)×3	0.01mL(g)×3	100mL(g)	下限	上限
3	0	0	230	40	1200
3	0	1	390	70	1300
3	0	2	640	150	3800
3	0	3	950		
3	1	0	430	70	2100
3	1	1	750	140	2300
3	1	2	1200	300	3800
3	1	3	1600		
3	2	0	930	150	3800
3	2	1	1500	300	4400
3	2	2	2100	350	4700
3	2	3	2900		
3	3	0	2400	360	13000
3	3	1	4600	710	24000
3	3	2	11000	1500	48000
3	3	3	≥24000		

注：1. 本表采用3个稀释度［0.1g（mL）、0.01g（mL）和0.001g（mL）］，每个稀释度接种3管。

2. 表内所列检样量如改用1g（mL）、0.1g（mL）和0.01g（mL）时，表内数字应相应降低10倍；如改用0.01g（mL）、0.001g（mL）、0.0001g（mL）时，则表内数字应相应增高10倍，其余类推。

七、思考题

1. 所测检样中大肠菌群数为多少？是否符合国家标准？
2. 大肠菌群检测中哪一步骤最重要？为什么？
3. 大肠菌群检测中为什么要先用乳糖胆盐发酵管进行初发酵？

［备注］特级全脂奶粉食品卫生国家标准（GB 19644—2010）：菌落总数（CFU/g）≤20000、大肠菌群（MPN/100g）≤40。

实验二十四　新鲜乳制品中抗生素残留量的检测技术

一、实验目的

1. 了解和掌握新鲜乳制品中抗生素残留量的检测技术。
2. 学会用TTC还原实验法对鲜乳中抗生素残留量进行测定。

二、实验原理

检验鲜乳中是否含有抗生素，目前常规采用指示剂 2,3,5-氯化三苯四氮唑（TTC）还原实验法进行检测。TTC 在氧化时为无色，还原态时为粉色或红色。实验时，先在杀菌的鲜乳中加入敏感菌株——嗜热链球菌培养液，水浴培养一段时间。该菌在生长繁殖过程中产生还原酶和其他还原型物质，能使 TTC 由氧化型（无色）变为还原型物质（红色）。如果鲜乳中有抗生素残留，敏感菌株的增殖即被抑制，指示剂 TTC 不能还原为红色化合物；反之，若无抗生素残留，则加入的敏感菌株即行增殖，TTC 还原而显红色。

三、实验材料

1. 样品

新鲜的牛乳（原料乳）。

2. 敏感菌株

嗜热链球菌 37℃，8～12h 脱脂乳试管纯培养物。

3. 培养基

脱脂乳培养基：

将鲜牛乳煮沸后，以 100℃水浴 20～30min，待冷后，装入锥形瓶内，静置于冰箱冷却过夜，脂肪即可上浮。用吸管吸出底部脱脂乳，以除去上层脂肪。分装试管内，121℃高压灭菌 20min，置于 4℃冰箱保藏备用。或利用脱脂乳粉制备。

4. 试剂

4%浓度的 TTC 水溶液（如遇溶液变为土色或淡褐色，则不能再用），抗生素。

5. 仪器与其他用具

水浴锅，培养箱，温度计，记号笔，试管架，灭菌吸管，灭菌试管。

四、操作流程

菌液制备→鲜乳杀菌与加菌液培养→加 TTC→结果判断

五、实验步骤

1. 菌液制备

将菌种移种于 10mL 脱脂乳（35℃或 37℃）中，培养 8～12h 至乳凝固后，与已灭菌脱脂乳 1∶1 稀释待用。

2. 鲜乳杀菌与加菌液培养

取样品 9mL，至于 15mm×150mm 试管内，80℃水浴加热 5min，冷却至 37℃以下，加菌液 1mL，水浴培养 2h。

3. 加 TTC

向上述培养液中加入 0.3mL TTC，36℃左右水浴培养 30min，观察现象，如果为阳性，再于水浴中培养 30min，做第二次观察，每份检样做 2 个重复。此外，再做阴性和阳性对照各1份。阳性对照管用无抗生素的鲜乳8mL，加入抗生素、菌液和TTC。阴性对照管用无抗生素的鲜乳9mL，加入菌液和TTC。

4. 结果判断

准确培养30min观察结果，如为阳性，再继续培养30min做第二次观察，观察时要迅速，避免光照过久发生干扰。如果鲜乳中有抗生素存在，指示剂TTC不显色，检样呈乳的原色时为阳性；如果没有抗生素，TTC被还原而呈红色为阴性。显色状态判断标准见下表。

显色状态	判断
未显色者	阳性
桃红色-无色	阴性
微红色	可疑

六、实验结果与报告

根据显色状态判断新鲜牛乳中是否含有抗生素。

显色状态	判断
未显色者	
桃红色-无色	

七、思考题

1. 除TTC法，还有哪些方法可检测鲜乳中抗生素残留？简述它们各自的优缺点。

2. TTC法检测的原理是什么？

实验二十五　火腿肠中金黄色葡萄球菌的检测

一、实验目的

1. 了解检测的原理和步骤。

2. 掌握金黄色葡萄球菌的检测方法。

二、实验原理

金黄色葡萄球菌在自然界分布极广，空气、土壤、水、饲料、食品（剩饭、糕点、牛奶、肉品等）以及人和动物的体表黏膜等处均有存在，大部分不致病，但也有一些致病的球菌，可引起皮肤组织炎症，还能产生肠毒素。如果在食品中大量生长繁殖，产生毒素，人误食了含有毒素的食品，就会发生食物中毒，因此，食品中存在金黄色葡萄球菌对人的健康是一种潜在危险，检查食品中金黄色葡萄球菌及数量具有实际意义。

金黄色葡萄球菌能产生凝固酶，使血浆凝固，多数致病菌株能产生溶血毒素，使血琼脂平板菌落周围出现溶血环，在试管中出现溶血反应。这些是鉴定致病性金黄色葡萄球菌的重要指标。

三、实验材料

1. 检样

火腿肠。

2. 菌种

金黄色葡萄球菌 *Staphylococcus aureus*、藤黄八叠球菌 *Sarcina lutea*。

3. 培养基

7.5%氯化钠肉汤培养基、血琼脂培养基、pH 7.4～7.6 豆粉琼脂培养基、Baird-parker 氏培养基、脑心浸出液肉汤（BHI）培养基、营养琼脂小斜面培养基。

培养基配方如下。

（1）7.5%氯化钠肉汤培养基

① 配方　蛋白胨 10g，牛肉膏 3g，氯化钠 75g，蒸馏水 1000mL，pH7.4。

② 制法　将上述成分加热溶解，调节 pH 值至 7.4，分装试管，121℃灭菌 20min。

（2）血琼脂培养基

① 配方　pH7.4～7.6 豆粉琼脂 100mL，兔血浆 5～10mL。

② 制法　加热熔化琼脂，冷却至 50℃，无菌操作加入兔血浆，摇匀，倾注平板。

（3）pH7.4～7.6 豆粉琼脂培养基

① 配方　牛心浸粉 15g，氯化钠 5g，豌豆浸粉 3g，琼脂 15g。

② 制法　称量上述成分于 100mL 蒸馏水中，加热溶解，121℃高压灭菌 15min，备用。

（4）Baird-parker 氏培养基

① 配方　胰蛋白胨 10g，牛肉膏 5g，酵母膏 1g，丙酮酸钠 10g，甘氨酸 12g，氯化锂 5g，琼脂 20g，蒸馏水 950mL，pH7.5。

② 制法　将各成分加入蒸馏水中，加热煮沸至完全溶解，冷却至 25℃，pH 值调节至 7.5，分装每瓶 95mL，121℃灭菌 15min。

（5）脑心浸出液肉汤（BHI）培养基

① 配方　胰蛋白胨 10g，氯化钠 5g，磷酸氢二钠（$Na_2HPO_4 \cdot 12H_2O$）2.5g，葡萄糖 2.0g，牛心浸出液 500mL，pH7.4。

② 制法　加热溶解，调节 pH 值，分装灭菌试管，每管 5mL，121℃高压灭菌 15min。

（6）营养琼脂小斜面培养基

① 配方　蛋白胨 10g，牛肉膏 3g，氯化钠 5g，琼脂 15～20g，蒸馏水 1000mL，

pH 7.2。

② 制法　将除琼脂以外的各成分溶解于蒸馏水内，加入15%氢氧化钠溶液约2mL，调节pH值至7.2。加入琼脂，加热煮沸，使琼脂熔化，分装试管，121℃高压灭菌15min。

4. 试剂

无菌盐水、兔血浆、革兰氏染色液。

5. 仪器与材料

光学显微镜、恒温培养箱、离心机、无菌吸管、无菌试管、无菌平皿、均质器、载玻片、L形涂布棒、酒精灯、接种针等。

四、实验流程

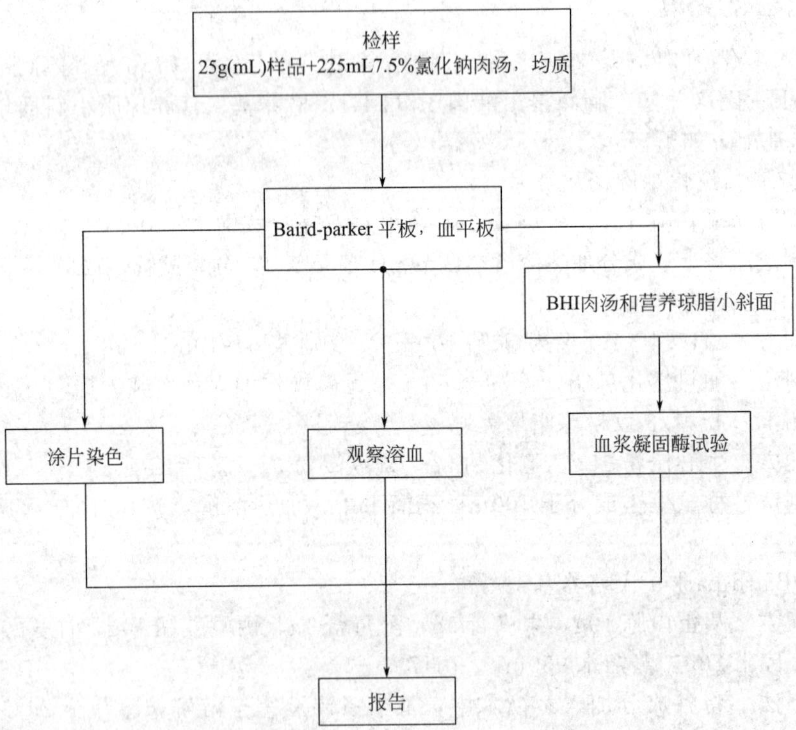

五、实验步骤

1. 一般培养

称取25g样品至盛有225mL 7.5%氯化钠肉汤的无菌均质杯内，8000~10000r/min均质1~2min。若样品为液态，吸取25mL样品至盛有225mL 7.5%氯化钠肉汤的无菌锥形瓶（瓶内可预置适当数量的无菌玻璃珠）中，振荡混匀。

注意事项：此过程需要无菌操作。

2. 增菌和分离培养

（1）将上述混匀液置于 37℃ 恒温培养箱内，培养 18～24h。金黄色葡萄球菌在 7.5%氯化钠肉汤中呈混浊生长，污染严重时在 10%氯化钠胰酪胨大豆肉汤内呈混浊生长。

（2）将上述培养物分别划线接种到 Baird-parker 平板和血平板，血平板（36±1)℃培养 18～24h。Baird-parker 平板（36±1)℃培养 18～24h 或 45～48h。

（3）金黄色葡萄球菌在 Baird-parker 平板上，菌落直径为 2～3mm，颜色呈灰色到黑色，边缘为淡色，周围为一混浊带，在其外层有一透明圈。用接种针接触菌落有似奶油至树胶样的硬度，偶然会遇到非脂肪溶解的类似菌落，但无混浊带及透明圈。长期保存的冷冻或干燥食品中所分离的菌落比典型菌落所产生的黑色较淡些，外观可能粗糙并干燥。在血平板上，形成菌落较大，圆形，光滑凸起，湿润，金黄色（有时为白色），菌落周围可见完全透明溶血圈。挑取上述菌落进行革兰氏染色镜检及血浆凝固酶试验。

3. 鉴定

（1）染色镜检　金黄色葡萄球菌为革兰氏阳性菌，排列呈葡萄葡萄球状，无芽孢，无荚膜，直径约为 0.5～1μm。

（2）血浆凝固酶试验　挑取 Baird-parker 平板或血平板上可疑菌落 1 个或以上，分别接种到 5mL BHI 和营养琼脂小斜面上，(36±1)℃培养 18～24h。

取新鲜配制兔血浆 0.5mL，放入小试管中，再加入 BHI 培养物 0.2～0.3mL，振荡摇匀，置（36±1)℃温箱或水浴箱内，每 30min 观察 1 次，连续观察 6h，如呈现凝固（即将试管倾斜或倒置时，呈现凝块）或凝固体积大于原体积的一半，判定为阳性结果。同时以血浆凝固酶试验阳性和阴性葡萄球菌菌株的肉汤培养物作为对照。也可用商品化的试剂，按说明书操作，进行血浆凝固酶试验。结果如可疑，挑取营养琼脂小斜面的菌落到 5mL BHI，(36±1)℃培养 18～48h，重复试验。

六、实验结果与报告

1. 结果判定

（1）形态和染色反应出现的结果若符合金黄色葡萄球菌的特征，血浆凝固酶阳性，则判定为“发现金黄色葡萄球菌”。

（2）形态和染色反应出现的结果若符合金黄色葡萄球菌的特征，血浆凝固酶阴性，则判定为“未发现金黄色葡萄球菌”。

2. 结果报告

列表记录实验过程中的各步骤结果，并作出结论。

七、思考题

1. 金黄色葡萄球菌在 Baird-parker 平板上的菌落特征如何？为什么？
2. 鉴定致病性金黄色葡萄球菌的重要指标是什么？

实验二十六　花生制品中黄曲霉毒素的检测

一、实验目的

1. 掌握黄曲霉毒素的检测方法与技术。
2. 了解酶联免疫吸附法检验黄曲霉毒素的原理。
3. 学习控制与去除黄曲霉毒素的方法。

二、实验原理

将抗体吸附于固体（酶标反应小孔）上，加入已经用酶标记的抗原与样品的待测物（抗原）的混合物进行特殊的免疫反应，通过颜色的深浅来判断样品中待测物的（抗原）含量。

ELISA 法的基础是抗原或抗体的固相化及抗原或抗体的酶标记。结合在固相载体表面的抗原或抗体仍保持其生物学活性，酶标记的抗原或抗体既保留其免疫学活性，又保留酶的活性。在测定时，受检标本与固相载体表面的抗原或抗体起反应。用洗涤的方法使固相载体上形成的抗原抗体复合物与液体中的其他物质分开，再加入酶标记的抗原或抗体，通过反应而结合在聚苯乙烯等固相载体上。此时固相上的酶量与标本中受检物质的量呈一定的比例。加入酶反应的底物后，底物被酶催化为有色产物，产物的量与标本中受检物质的量直接相关，故可根据呈色深浅进行定性或定量分析。

三、实验材料

花生及其制品，试剂盒，酶标仪，恒温培养箱。

四、实验流程

包被→免疫反应→颜色反应→定量检测

五、实验步骤

1. 包被

将 $AFTB_1$（黄曲霉毒素 B_1）特异性抗体吸附于酶标板小孔（固体载体上）。

2. 免疫反应

加入样品提取液（含 $AFTB_1$）和酶标 $AFTB_1$ 溶液的混合液，37℃温浴反应 30min，清洗，即免疫反应。

3. 颜色反应

加入酶的底物溶液，37℃温浴反应 15min，底物产生颜色，颜色的深浅与酶的多少成正比，而酶的多少又与样品的 $AFTB_1$ 的含量成反比，因而可以通过底物显色后的深浅来确定样品中 $AFTB_1$ 的含量。

4. 定量检测

标准曲线法，将 $AFTB_1$ 标准溶液配成梯度，经上述步骤后加入终止液，用酶标仪在 450nm 处测定吸光度，以浓度的对数作横坐标，以各标准溶液的吸光度值与浓度的零标准溶液的吸光度值的比值作纵坐标，绘制标准曲线，换算出样品中 $AFTB_1$ 的含量：

$$AFTB_1含量(\mu g/kg)=\frac{CVD}{M}$$

式中 C——从标准曲线中查得的稀释后样品液中的 $AFTB_1$ 含量，μg/kg；

V——样品提取液体积，mL；

D——样品稀释倍数；

M——样品的质量，g。

六、实验结果与报告

将实验测定的结果填写于下表中，并分析和讨论结果。

样品种类	$AFTB_1$/(μg/kg)					
	<1.0	1.0～3.0	3.0～5.0	5.0～10.0	10.0～20.0	>20.0
花生制品						

七、思考题

1. 酶联免疫吸附检测法存在的问题是什么？如何最大程度地避免？
2. 黄曲霉毒素本身具有什么特点？

实验二十七　食品中沙门氏菌属的检验

一、实验目的

1. 了解检测的原理和步骤。
2. 掌握沙门氏菌属的检测方法。

二、实验原理

沙门氏菌是一类革兰氏阴性、无荚膜和无芽孢的短小杆菌，大多数具有周身鞭毛和菌毛，能运动和吸附于寄主细胞表面和凝集豚鼠红细胞，主要寄居在人和其他温血动物的肠道中。

沙门氏菌病的病原体，属肠杆菌科，革兰氏阴性。按其抗原成分，可将沙门氏菌分为甲、乙、丙、丁、戊等基本菌组。其中与人体疾病有关的主要有甲组的副伤寒甲杆菌，乙组的副伤寒乙杆菌和鼠伤寒杆菌，丙组的副伤寒丙杆菌和猪霍乱杆菌，丁组的伤寒杆菌和肠炎杆菌等。除伤寒杆菌、副伤寒甲杆菌和副伤寒乙杆菌引起人类的疾病外，大多数仅能引起家畜、鼠类和禽类等动物的疾病，但有时也可污染人类的食物而引起食物中毒。

目前检验食品中的沙门氏菌是按统计学取样方案为基础，25g 食品为标准分析单位。

三、实验材料

1. 检样

蛋类、肉类、乳制品等。

2. 培养基

四硫磺酸钠煌绿（TTB）增菌液、亚硒酸盐胱氨酸（SC）增菌液、亚硫酸铋琼脂（BS）、DHL 琼脂、三糖铁琼脂斜面（TSI）、蛋白胨水培养基、尿素琼脂（pH7.2）、KCN 琼脂、ONPG 培养基、硫酸亚铁半固体培养基、赖氨脱羧酶实验培养基。

培养基配制方法如下。

（1）四硫磺酸钠煌绿（TTB）增菌液

① 配方　蛋白胨 10g，牛肉膏 5g，碳酸钙 45g，氯化钠 3g，蒸馏水 1000mL。

② 制法　除碳酸钙外，将各成分加入蒸馏水中，煮沸溶解，再加入碳酸钙，调节 pH 值至 7.0，0.01MPa（121℃）高压灭菌，20min。

（2）亚硒酸盐胱氨酸（SC）增菌液

① 配方　蛋白胨 5g，乳糖 4g，亚硒酸氢钠 4g，1% L-胱氨酸溶液 1mL，磷酸氢二钠（无水）4.5g，磷酸二氢钠（无水）5.5g，蒸馏水 1000mL。

② 制法　将除亚硒酸氢钠和 1% L-胱氨酸溶液以外的成分溶解于 900mL 蒸馏水中，加热煮沸，冷却备用。另将亚硒酸氢钠溶解在 100mL 蒸馏水中，加热煮沸，冷却备用。在无菌操作下，将两种溶液混合。加入 1% L-胱氨酸溶液 1mL，分装于灭菌瓶中，每瓶 100mL，调节 pH 值至 7.0。

（3）亚硫酸铋琼脂（BS）

① 配方　蛋白胨 10g，牛肉膏 5g，葡萄糖 5g，硫酸亚铁 0.3g，磷酸氢二钠 4g，煌绿 0.025g，柠檬酸铋铵 2g，亚硫酸钠 6g，琼脂 20g，蒸馏水 1000mL。

② 制法　将前面五种成分溶解于 300mL 蒸馏水中；将柠檬酸铋铵和亚硫酸钠另用 50mL 蒸馏水溶解；将琼脂溶解于 600mL 蒸馏水中煮沸溶解，冷至 80℃。将以上三种溶液混合均匀后，加蒸馏水至 1000mL，调节 pH 值至 7.5，加 0.5%煌绿水溶液 5mL，摇匀。冷却至 50℃左右，倾注平板。

（4）三糖铁琼脂斜面（TSI）

① 配方　蛋白胨 20g，牛肉膏 3g，乳糖 10g，蔗糖 10g，葡萄糖 1g，硫酸亚铁铵（含 6 个结晶水）0.5g，酚红 0.025g 或 5g/L 溶液 5mL，氯化钠 5g，硫代硫酸钠 0.5g，琼脂 12g，蒸馏水 1000mL。

② 制法　除酚红和琼脂外，将其他成分加入400mL蒸馏水中，搅拌均匀，静置约10min，加热煮沸至完全溶解，调节pH值至7.4。另将琼脂加入600mL蒸馏水中，搅拌均匀，静置约10min，加热煮沸至完全溶解。将上述两溶液混合均匀后，再加入酚红指示剂，混匀，分装试管（12mm×100mm），每管约2～4mL，120℃高压灭菌10min，灭菌后制成高层斜面，呈橘红色。

（5）DHL琼脂

① 配方　蛋白胨20g，牛肉膏3g，乳糖10g，蔗糖10g，去氧胆酸钠1g，硫代硫酸钠2.3g，柠檬酸钠1g，中性红0.03g，琼脂20g，蒸馏水1000mL，pH7.3。

② 制法　将除中性红和琼脂以外的成分全部溶解于400mL蒸馏水中，调节pH值至7.3。将琼脂于600mL蒸馏水中煮沸溶解，两液混合，加入0.5%的中性红水溶液6mL，待冷却至50℃左右，倾注平板即可。

（6）KCN琼脂

① 配方　蛋白胨10g，氯化钠5g，磷酸二氢钾0.225g，磷酸氢二钠5.64g，蒸馏水1000mL，0.5%氰化钾20mL，pH7.2。

② 制法　将除氰化钾以外的成分加入蒸馏水中，煮沸溶解，分装后121℃高压灭菌15min。放在冰箱内使其充分冷却。每100mL培养基加入0.5%氰化钾溶液2mL（最后浓度为1∶10000），分装于无菌试管内，每管约4mL，立刻用无菌橡皮塞塞紧，放在4℃冰箱内，至少可保存2个月。同时，将不加氰化钾的培养基作为对照培养基，分装试管备用。

注意：氰化钾是剧毒物质，使用时应小心，切勿沾染，以免中毒。

（7）赖氨酸脱羧酶实验培养基

① 配方　蛋白胨5g，酵母浸膏3g，葡萄糖1g，蒸馏水1000mL，1.6%溴甲酚紫-乙醇溶液1.0mL，L-赖氨酸或DL-赖氨酸0.5g/100mL或1.0g/100mL，pH 6.8。

② 制法　除赖氨酸以外的成分加热溶解后，分装，每瓶100mL，分别加入赖氨酸。L-赖氨酸按0.5%加入，DL-赖氨酸按1%加入。调节pH值至6.8。对照培养基不加赖氨酸。分装于无菌的小试管内，每管0.5mL，上面滴加一层液体石蜡，115℃高压灭菌10min。

（8）ONPG培养基

① 配方　邻硝基酚β-D半乳糖苷（ONPG）60mg，0.01mol/L磷酸钠缓冲液（pH7.5）10mL，1%蛋白胨水（pH7.5）30mL。

② 制法　将ONPG溶于缓冲液内，加入蛋白胨水，以过滤法除菌，分装于无菌的小试管内，每管0.5mL，用橡皮塞塞紧。

（9）蛋白胨水培养基

① 配方　蛋白胨（或胰蛋白胨）20g，氯化钠5.0g，蒸馏水1000mL，pH 7.4。

② 制法　将上述成分加入蒸馏水中，煮沸溶解，调节pH值，分装小试管，0.01MPa（120℃）高压灭菌15min。

（10）硫酸亚铁半固体培养基

① 配方　牛肉膏3g，酵母浸膏3g，蛋白胨10g，硫酸亚铁0.2g，硫代硫酸钠

0.3g，氯化钠 5g，琼脂 3g，蒸馏水 1000mL。

② 制法　加热溶解，调节 pH 值至 7.4，分装试管，115℃高压灭菌 15min。

3. 试剂

靛基质试剂、氧化酶试剂、A～F 组多价 O 诊断血清、革兰氏染色液、生理盐水、石蜡。

4. 仪器与材料

光学显微镜、恒温培养箱、无菌吸管、无菌试管、无菌移液管、无菌平皿、均质器、载玻片、玻璃棒、酒精灯、接种环等。

四、实验流程

增菌→分离→生化试验→血清学分型试验→结果报告

五、实验步骤

1. 增菌

称取 25g 样品放入 25mL 生理盐水中，用拍击式均质器拍打 90s。样品为液态，轻轻摇动培养过的样品混合物，移取 5mL，接种于 10mL TTB 内，于（42±1）℃，培养 18～24h。同时，另取 5mL，接种于 10mL SC 内，于（36±1）℃，培养18～24h。

2. 分离

分别用接种环取 TTB 增菌液 1 环，划线接种于一个 BS 琼脂平板和一个 DHL 琼脂平板。另取 SC 增菌液 1 环，划线接种于一个 BS 琼脂平板和一个 DHL 琼脂平板。于（36±1）℃分别培养 18～24h（DHL 琼脂平板）或 40～48h（BS 琼脂平板），观察各个平板上生长的菌落。各个平板上的菌落特征见表 27-1。

表 27-1　沙门氏菌在不同选择性琼脂平板上的菌落特征

选择性琼脂平板	沙门氏菌菌落特征
BS 琼脂	菌落为黑色有金色光泽、棕褐色或灰色，菌落周围培基可呈黑色或棕色；有些菌株形成灰绿色的菌落，周围培养基不变
DHL 琼脂	蓝绿色或蓝色，多数菌落中心黑色或几乎全黑色；有些菌株为黄色，中心黑色或几乎全黑色

3. 生化试验

从选择性琼脂平板上分别挑取两个以上典型或可疑菌落，接种到三糖铁琼脂斜面（TSI）上，先斜面划线，再底层穿刺。接种环不要灭菌，直接接种赖氨酸脱羧酶试验培养基和对照管，并加入已灭菌液体石蜡 3～4 滴覆盖培养基表面。于（36±1）℃培养18～24h，必要时可延长至 48h。

接种三糖铁琼脂和赖氨酸脱羧酶试验培养基的同时，可直接接种蛋白胨水培养基、pH7.2 尿素琼脂、KCN 琼脂、ONPG 培养基、硫酸亚铁半固体培养基。所有试管于（36±1）℃分别培养 18～24h，必要时可延长至 48h。按表 27-2 判定结果。将已挑菌落的平板贮存于 2～5℃或温室至少保留 24h，以备必要时复查。

表 27-2　沙门氏菌属生化反应初步鉴定表

反应序号	硫化氢	靛基质	pH7.2 尿素	氰化钾(KCN)	赖氨酸脱羧酶
A1	+	−	−	−	+
A2	+	−	+	+	−
A3	−	−	−	−	+/−

注：+阳性，−阴性；+/−阳性或阴性。

4. 血清学分型试验

一般沙门氏菌具有菌体（O）抗原、鞭毛（H）抗原和表面抗原（Vi 抗原）三种抗原。

将分离菌株的琼脂斜面培养物与沙门氏菌 A～ F 组多价 O 诊断血清做玻片凝集试验，同时用生理盐水作对照组，若不出现凝集，确定为阴性。若生化反应较典型，于多价 O 诊断血清不发生凝集，可能有 Vi 抗原存在的可能，应与 Vi 诊断血清做凝集试验。若出现凝集，再用无菌生理盐水洗下菌苔，制成浓厚的菌液，100℃ 隔水加热 30min，以破坏 Vi 抗原。再用 A～ F 组多价诊断血清进行凝集试验，若发生凝集，再依次与沙门氏菌单价因子 O 诊断血清分别做凝集试验，以确定该菌株为哪一组。若已确定菌组，再进一步鉴定其鞭毛抗原，先用第 1 相因子血清，检查第 1 相 H 抗原，若发生凝集，再选用第 2 相因子血清检查第 2 相 H 抗原，做出沙门氏菌型的鉴定。

六、实验结果与报告

根据上述生化试验和血清学分型试验报告检测结果。

七、思考题

1. 沙门氏菌属所引起的食物中毒是什么类型？
2. 鉴定致病性沙门氏菌的重要指标是什么？
3. 食品中能否允许有个别沙门氏菌存在？为什么？

实验二十八　食品中志贺氏菌属的检测技术

一、实验目的

1. 掌握志贺氏菌的生物学特性。
2. 掌握食品中志贺氏菌的检测方法和技术。
3. 了解志贺氏菌各检验步骤的依据和原理。

二、实验原理

志贺氏菌属的细菌是革兰氏阴性无芽孢短杆菌，长约 2～3μm，宽为 0.5～0.7μm，不形成芽孢，无鞭毛，无荚膜，个别有菌毛。需氧或兼性厌氧，但厌氧时，生长不旺盛。最适温度为37℃，最适pH7.2。在鉴别培养基平板上培养18～24h后，形成圆形、隆起、透明、表面光滑、湿润、边缘整齐、直径为2～3mm的菌落。此外，对各种糖的利用能力较差，并在含糖的培养基内一般不产生气体。志贺氏菌的进一步分群分型依赖于血清学实验。

细菌的血清学分型是根据细菌外膜蛋白抗原、脂多糖抗原的不同从而将细菌分成不同血清型的。

三、实验材料

1. 检样

凉拌食品。

2. 培养基

GN增菌液、SS琼脂、HE琼脂、麦康凯琼脂、伊红美蓝琼脂（EMB）、三糖铁琼脂（TSI）、葡萄糖半固体发酵管、糖发酵管、5%乳糖发酵管、葡萄糖胺培养基、pH7.2尿素琼脂、氰化钾（KCN）培养基、氨基酸脱羧酶试验培养基。

培养基配方如下。

（1）GN增菌液

① 配方　胰蛋白胨20g，葡萄糖1g，柠檬酸钠5g，去氧胆酸钠0.5g，磷酸氢二钾4g，磷酸二氢钾1.5g，氯化钠5g，蒸馏水1000mL，pH7.0。

② 制法　称量上述成分于1000mL蒸馏水中，加热溶解，调节pH值至7.0。分装，每瓶225mL，0.07MPa（90℃）灭菌15min。

（2）SS琼脂

① 基础培养基

a. 配方　牛肉膏5g，际胨5g，三号胆盐3.5g，琼脂17g，蒸馏水1000mL。

b. 制法　将牛肉膏、际胨和胆盐溶解于400mL蒸馏水中，将琼脂加热溶解于600mL蒸馏水中，两液混合，0.01MPa（121℃）高压蒸汽灭菌15min，备用。

② 完全培养基

a. 配方　基础培养基1000mL，乳糖10g，柠檬酸钠8.5g，硫代硫酸钠8.5g，10%柠檬酸铁溶液10mL，1%中性红溶液2.5mL，0.1%煌绿溶液0.33mL。

b. 制法　加热熔化基础培养基，加入上述成分除染料外，充分混匀，调节pH值至7.0，加入中性红和煌绿，倾注平板。

注意：制好的培养基宜当日使用，或保存冰箱48h内使用，煌绿溶液在配好10h内使用。

（3）伊红美蓝琼脂（EMB）

① 配方　蛋白胨10g，乳糖10g，磷酸氢二钾2g，琼脂15g，伊红0.4g，美蓝0.065g，蒸馏水1000mL，pH7.1。

② 制法　将上述成分加热溶解，调节pH值至7.1，分装于锥形瓶，0.01MPa（121℃）高压灭菌15min，备用。

（4）HE 琼脂

① 配方　际胨 12g，牛肉膏 3g，乳糖 12g，蔗糖 12g，水杨素 2.0g，胆盐 20g，氯化钠 5g，琼脂 18～20g，蒸馏水 1000mL，0.4%溴麝香草酚蓝溶液 16mL，Andrade 指示剂 20mL，甲液 20mL，乙液 20mL，pH7.5。

a. 甲液　硫代硫酸钠 34g，柠檬酸铁铵 4g，蒸馏水 100mL。

b. 乙液　去氧胆酸钠 10g，蒸馏水 100mL。

② 制法　将前面七种成分溶解于 400mL 蒸馏水内作为基础液；将琼脂加入于 600mL 蒸馏水内。然后分别搅拌均匀，煮沸溶解。加入甲液和乙液于基础液内，调节 pH 值。再加入指示剂，并与琼脂液合并，待冷至 50～55℃倾注平皿。

（5）三糖铁琼脂斜面（TSI）

① 配方　蛋白胨 20g，牛肉膏 3g，乳糖 10g，蔗糖 10g，葡萄糖 1g，硫酸亚铁铵（含 6 个结晶水）0.5g，酚红 0.025g 或 5g/L 溶液 5mL，氯化钠 5g，硫代硫酸钠 0.5g，琼脂 12g，蒸馏水 1000mL。

② 制法　除酚红和琼脂外，将其他成分加入 400mL 蒸馏水中，搅拌均匀，静置约 10min，加热煮沸至完全溶解，调节 pH 值至 7.4。另将琼脂加入 600mL 蒸馏水中，搅拌均匀，静置约 10min，加热煮沸至完全溶解。将上述两溶液混合均匀后，再加入酚红指示剂，混匀，分装试管（12mm×100mm），每管约 2～4mL，0.01MPa（121℃）高压灭菌 10min，灭菌后制成高层斜面，呈橘红色。

（6）氰化钾（KCN）培养基

① 配方　蛋白胨 10g，氯化钠 5g，磷酸二氢钾 0.225g，磷酸氢二钠 5.64g，蒸馏水 1000mL，0.5%氰化钾 20mL，pH7.2。

② 制法　将除氰化钾以外的成分加入蒸馏水中，煮沸溶解，分装后 121℃高压灭菌 15min。放在冰箱内使其充分冷却。每 100mL 培养基加入 0.5%氰化钾溶液 2mL（最后浓度为 1∶10000），分装于无菌试管内，每管约 4mL，立刻用无菌橡皮塞塞紧，放在 4℃冰箱内，至少可保存 2 个月。同时，将不加氰化钾的培养基作为对照培养基，分装试管备用。

注意：氰化钾是剧毒物质，使用时应小心，切勿沾染，以免中毒。

（7）pH7.2 尿素琼脂

① 配方　蛋白胨 1g，氯化钠 5g，葡萄糖 1g。磷酸二氢钾 2g，0.4%酚红 3mL，琼脂 20g，蒸馏水 1000mL，20%尿素溶液 100mL，pH7.2。

② 制法　除尿素、琼脂和酚红外，将其他成分加入 400mL 蒸馏水中，煮沸溶解，调节 pH 值。另将琼脂加入 600mL 蒸馏水中，煮沸溶解。将上述两溶液混合均匀后，再加入指示剂后分装，0.01MPa（121℃）高压灭菌 15min。冷至 50～55℃，加入经除菌过滤的尿素溶液。尿素的最终浓度为 2%。分装于无菌试管内，放成斜面备用。

（8）葡萄糖半固体发酵管

① 配方　蛋白胨 1g，牛肉膏 0.3g，氯化钠 0.5g，1.6%溴甲酚紫酒精溶液 0.1mL，葡萄糖 1g，琼脂 0.3g，蒸馏水 100mL，pH7.4。

② 制法　将蛋白胨、牛肉膏和氯化钠加入水中，调节 pH 值至 7.4 后加入琼脂加

热溶解，再加入指示剂和葡萄糖，分装于试管，0.01MPa（121℃）高压蒸汽灭菌15min。

（9）糖发酵管

① 配方　牛肉膏5g，蛋白胨10g，氯化钠3g，磷酸氢二钠2g，水杨苷（甘露醇、棉籽糖、七叶苷）0.5%，0.2%溴麝香草酚蓝溶液12mL，蒸馏水1000mL，pH7.4。

② 制法　将糖以外的成分溶于水中，按0.5%分别加入水杨苷、甘露醇、棉籽糖、七叶苷，分装至有一个倒置小管的小试管内，0.05MPa（80℃）灭菌30min。

（10）5%乳糖发酵管

① 配方　蛋白胨0.2g，氯化钠0.5g，乳糖5g，2%溴麝香草酚蓝水溶液1.2mL，蒸馏水100mL，pH7.4。

② 制法　将除乳糖以外的成分溶解于50mL蒸馏水中，调节pH值至7.4，加入2%溴麝香草酚蓝水溶液。将乳糖溶解于50mL蒸馏水中，0.01MPa（121℃）灭菌15min，将两液混合，无菌操作分装于试管。

（11）氨基酸脱羧酶试验培养基

① 配方　蛋白胨5g，酵母浸膏3g，葡萄糖1g，1.6%溴甲酚紫-乙醇溶液，L-氨基酸0.5g/100mL，蒸馏水1000mL，pH6.8。

② 制法　除氨基酸成分外加热溶解，每瓶分装100mL，分别加入各种氨基酸：赖氨酸、精氨酸、鸟氨酸。L-氨基酸按照0.5%加入，调节pH值至6.8。对照培养基不加氨基酸，分装于小试管内，每管0.5mL，上面加一层液体石蜡，0.07MPa（90℃）灭菌20min。

注意： 0.5g的L-赖氨酸或L-鸟氨酸应先溶解于0.5mL的15%NaOH溶液中。

（12）葡萄糖胺培养基

① 配方　氯化钠5g，硫酸镁（$MgSO_4 \cdot 7H_2O$）0.2g，磷酸二氢铵1g，磷酸氢二钾1g，葡萄糖2g，琼脂20g，蒸馏水1000mL，0.2%溴麝香草酚蓝水溶液40mL，pH6.8。

② 制法　先将盐类和糖溶解于水中，调节pH值至6.8后加琼脂，加热熔化后加指示剂，混合均匀分装于试管，0.01MPa（121℃）高压灭菌15min，放成斜面备用。

3. 试剂与染色剂

志贺氏菌属诊断血清，革兰氏染色液，实验动物为15～20g的小白鼠。

4. 仪器与其他用具

恒温培养箱，灭菌锥形瓶，灭菌广口瓶，玻璃棒，接种环，离心机，均质器，量筒，烧杯，移液管等。

四、实验流程

样品处理→选择性增菌→选择性平板分离→生化试验→血清学实验鉴别→进一步的生化试验→结果报告

五、实验步骤

1. 样品处理

无菌操作条件下，称取检样25g，加入装有225mL GN增菌液的500mL广口瓶中。

固体食品用均质器以8000～1000r/min打碎1min，或用乳钵加灭菌砂磨碎；粉状食品用金属匙或玻璃棒研磨使其乳化。

注意事项：样品采集后应及时送检，若不能及时送检，宜将标本保存于30%甘油缓冲盐水中。

2. 选择性增菌

放于37℃恒温培养箱，培养6～8h。培养时间视细菌生长情况而定，当培养液出现轻微混浊时即应终止培养。

3. 选择性平板分离

① 接种选择性平板　取增菌液1环，划线接种于HE琼脂平板或SS琼脂平板一个，另取一环划线接种于麦康凯琼脂平板和EMB（伊红美蓝）琼脂平板各一个。

② 培养　放于37℃恒温培养箱，培养18～24h。

结果：志贺氏菌在这些培养基上呈现无色透明不发酵乳糖的菌落。

4. 生化试验

挑取平板上无色透明、不发酵乳糖的中等大小的光滑型菌落，划线与穿刺接种于三糖铁高层斜面及穿刺接种葡萄糖半固体各一管。经37℃下培养18～24h。

注意事项：一般应多挑取几个菌落，防止遗漏。

5. 血清学实验鉴别

挑取三糖铁斜面上的培养物，先用诊断血清做玻片凝结实验鉴定菌群，再以单克隆抗体和因子血清做定型与亚型的测定。具体如下：先用四种志贺氏菌多价血清检查，若因K抗原的存在而凝集被阻，则应煮沸菌液破坏K抗原后再检查。若呈现凝集，则用A1、A2、B群多价和D群血清分别试验。如系B群福氏志贺氏菌，则先用群因子血清检查，再根据群因子血清出现凝集的结果，依次用型因子血清分别试验，确定菌型。

6. 进一步的生化实验

已判定为志贺氏菌属的培养物，应进一步做5%乳糖发酵、甘露醇、棉籽糖、甘油的发酵、靛基质试验。

① 接种生化培养基　从三糖铁琼脂上挑取培养物，拌种到5%乳糖、甘露醇、棉籽糖、甘油的发酵、靛基质培养基中。

② 观察实验结果　志贺氏菌属四个生化群的培养物，应符合群的生化特征，但福氏6型的生化特性与A群或C群相似，见表28-1。

表28-1　志贺氏菌各生化群的特征

生化群	5%乳糖发酵	甘露醇	棉籽糖	甘油	靛基质
A群:痢疾志贺氏菌	－	－	－	(＋)	－
B群:福氏志贺氏菌	－	＋	＋	－	(＋)
C群:鲍氏志贺氏菌	－	＋	－	(＋)	－/(＋)
D群:宋氏志贺氏菌	＋/(＋)	＋	＋	d	－

注：＋阳性；－阴性；－/(＋) 多属阴性，少数阳性；(＋) 迟缓发酵；d有不同生化型。

六、结果报告

综合生化和血清学的实验判定菌型并作出报告。

试验类型	生化试验	血清学实验
试验结果		
判断结果		

七、思考题

1. 在志贺氏菌检验中用三糖铁琼脂的目的是什么？
2. 如何提高志贺氏菌的检出率？
3. 食品中能否允许有个别志贺氏菌存在？为什么？

实验二十九　海产品中副溶血性弧菌的检测技术

一、实验目的

1. 了解副溶血性弧菌检测的原理和步骤。
2. 掌握副溶血性弧菌常用的生化鉴定方法。

二、实验原理

副溶血弧菌是革兰氏阴性多形态杆菌，随培养基不同菌体形态差异较大，有卵圆形、棒状、球杆状、梨状、弧形等多种形态。两极浓染，菌体一端有单鞭毛，运动活泼，无芽孢、无荚膜。在35g/L NaCl琼脂平板上呈蔓延生长，菌落边缘不整齐，凸起，光滑湿润，不透明。

在副溶血性弧菌专用选择培养基上形成1～2.5mm稍隆起、混浊、无黏性、绿色菌落；在SS（琼脂培养基）平板上不生长或长出1～2mm扁平、无色、半透明的菌落，不易挑起，挑起时呈黏丝状；在羊血琼脂平板上，形成2～3mm隆起、圆形、湿润、灰白色菌落，某些菌株可形成β溶血或α溶血；在TCBS（硫代硫酸盐-柠檬酸盐-胆盐-蔗糖琼脂培养基）琼脂上不发酵蔗糖，菌落绿色。

三、实验材料

1. 检样

鱼类、虾类等海产品。

2. 培养基

3%NaCl胰蛋白胨大豆琼脂（TSA）培养基、硫代硫酸盐-柠檬酸盐-胆盐-蔗糖（TCBS）琼脂培养基、3%NaCl三糖铁琼脂培养基、微量生化培养基（葡萄糖、乳糖、蔗糖、甘露醇等不同种类）。

（1）3%NaCl胰蛋白胨大豆琼脂（TSA）培养基

① 配方 胰蛋白胨15g，大豆蛋白胨5g，氯化钠30g琼脂15g，蒸馏水1000mL，pH7.3。

② 制法 将上述成分加热溶解于1000mL蒸馏水中，分装于试管或锥形瓶中，121℃高压灭菌15min。

（2）硫代硫酸盐-柠檬酸盐-胆盐-蔗糖（TCBS）琼脂培养基

① 配方 蛋白胨10g，酵母浸膏5g，柠檬酸钠（$C_6H_5O_7Na_3 \cdot 2H_2O$）10g，硫代硫酸钠（$Na_2S_2O_3 \cdot 5H_2O$）10g，氯化钠10g，牛胆汁粉5g，柠檬酸铁1g，胆酸钠3g，蔗糖20g，溴麝香草酚蓝0.04g，麝香草酚蓝0.04g，琼脂15g，蒸馏水1000mL。

② 制法 将上述成分溶于蒸馏水中，调节pH值至7.4。分装到适当容量的试管中，121℃高压灭菌15min。制成高层斜面，斜面长4～5cm，深度为2～3cm。

（3）3%氯化钠甘露醇试验培养基

① 配方 牛肉膏5g，蛋白胨10g，氯化钠30g，磷酸氢二钠（$Na_2HPO_4 \cdot 12H_2O$）2g，甘露醇5g，溴麝香草酚蓝0.024g，蒸馏水1000mL。

② 制法 将上述成分溶于蒸馏水中，调节pH值至7.4，分装于小试管，121℃高压灭菌10min。

（4）3%NaCl三糖铁琼脂培养基

① 配方 三糖铁琼脂1000mL，氯化钠30g。

② 制法 先配制三糖铁（TSI）琼脂，再加入氯化钠30g，分装试管，121℃高压灭菌15min。

3. 试剂

3%NaCl碱性蛋白胨水（APW）、革兰氏染色液、NaCl浓度0%、7%、11%的胰胨水。

4. 仪器与材料

恒温培养箱、均质器、光学显微镜、无菌研钵、接种环、接种针、酒精灯、载玻片等。

四、实验流程

样品处理与增菌→分离培养→初步鉴别→生化试验

五、实验步骤

1. 样品处理与增菌

（1）取100g样品在无菌研钵中研碎。

（2）取25g捣碎样品加入到225mL APW中，用均质器打碎或用力摇匀10～20min后，于36℃培养8～18h。

2. 分离培养

（1）取生长的菌落，用接种环蘸取1环，划线接种于TCBS平板。

(2) 于 (36±1)℃培养 18～24h 后，观察平板上生长的菌落。

(3) 挑选至少 3 个具有副溶血性弧菌特征的菌落，划线 3%NaCl、TSA 平板后，于 (36±1)℃培养 18～24h。

注意事项：典型的副溶血性弧菌在 TCBS 上可以形成呈圆形、半透明、表面光滑、直径 2～3mm 的绿色菌落，用接种环轻触，有类似口香糖的质感。

3. 初步鉴别

(1) 氧化酶试验　挑选 3%NaCl TSA 平板上的单个菌落进行氧化酶试验，副溶血性弧菌为氧化酶阳性。

(2) 涂片镜检　将可疑菌落涂片，革兰氏染色，镜检观察。

(3) 三糖铁试验　用接种针挑取可疑菌落，转种 3% NaCl TSI 斜面并穿刺底层，于 (36±1)℃培养 24h，观察结果。副溶血性弧菌在该培养基上呈现底层变黄，无气泡，斜面颜色不变或红色加深。

(4) 嗜盐性试验　挑取可疑菌落，接种于不同 NaCl 浓度（0%、7%、11%）的胰胨水中，于 (36±1)℃培养 24h 后观察生长情况。副溶血性弧菌在无 NaCl 和 11% NaCl 的胰胨水中不生长或微弱生长，在 7%NaCl 的胰胨水中生长良好。

4. 生化试验

取初步鉴定为副溶血性弧菌阳性的可疑菌落，分别接种于葡萄糖、乳糖、蔗糖、甘露醇等各类微量生化培养基中，于 37℃培养，24h 后观察结果。

六、实验结果与报告

结合镜检的菌体形态特征、TCBS 平板上的菌落特征，判断样品中是否含有副溶血性弧菌。

七、思考题

1. 在副溶血性弧菌生化试验的过程中，哪一步最重要？为什么？
2. 在蔗糖平板上怎样区别副溶血性弧菌和溶藻弧菌？

实验三十　食品中致病性大肠埃希氏菌的检验

一、实验目的

1. 了解病原性大肠埃希氏菌的种类。
2. 掌握病原性大肠埃希氏菌检验的原理和方法。
3. 掌握食品中致病性大肠埃希氏菌各检验步骤的依据和原理。

二、实验原理

致病性大肠埃希氏菌是革兰氏阴性短杆菌，菌体大小为 (1.0～1.5)nm×(2.0～

6.0)μm。多数有鞭毛。致病性大肠埃希氏菌在普通营养琼脂培养基上常表现为3种菌落形态：第一种光滑型，菌落边缘整齐，表面有光泽，湿润，光滑，呈白色，在生理盐水中容易分散；第二种粗糙型，菌落扁平，干涩，边缘不整齐，易在生理盐水中自凝；第三种黏液型，常为含有荚膜的菌株。致病性大肠埃希氏菌属兼性厌氧菌，在氧气充足条件下生长较好，其最适生长pH值为6.8～8.0，最适生长温度为37℃。其表面抗原包括菌体抗原、鞭毛抗原和荚膜抗原。

三、实验材料

1. 菌种和食品检样

产不耐热肠毒素（LT）和产耐热肠毒素（ST）大肠埃希氏菌标准菌株，乳及乳制品，肉类，水产品。

2. 试剂和培养基

营养肉汤培养基，肠道菌增菌肉汤培养基，麦康凯琼脂培养基，伊红美蓝琼脂（EMB）培养基，三糖铁琼脂（TSI）培养基，蛋白胨水培养基，半固体琼脂培养基，pH7.2尿素琼脂培养基，氰化钾（KCN）培养基，赖氨酸脱羧酶试验培养基，氧化酶试剂，革兰氏染色液。

（1）营养肉汤培养基　蛋白胨10g，牛肉粉3g，氯化钠5g，蒸馏水1000mL，pH7.2。

称量上述成分于1000mL蒸馏水中，加热溶解，调节pH至7.2，分装锥形瓶或试管，121℃高压灭菌15min备用。

（2）肠道菌增菌肉汤培养基　蛋白胨10g，葡萄糖5g，牛胆盐20g，磷酸氢二钠8g，磷酸氢二钾2g，煌绿0.015g，蒸馏水1000mL，pH7.2。

称量上述成分于1000mL蒸馏水中，加热溶解，调节pH值至7.2。分装，每瓶30mL，115℃高压灭菌15min。

（3）麦康凯琼脂（MB）培养基　蛋白胨20g，猪胆盐5g，氯化钠10g，琼脂17g，乳糖10g，0.01%结晶紫水溶液10mL，0.5%中性红水溶液5mL，蒸馏水1000mL。

将蛋白胨、猪胆盐、氯化钠溶解于400mL蒸馏水中，调节pH至7.2，将琼脂加入600mL蒸馏水中加热溶解。将两液合并，分装于烧瓶中，121℃灭菌15～20min备用。使用时加热熔化琼脂，趁热加入乳糖，冷至50～55℃时，加入结晶紫和中性红水溶液，摇匀后倾注平板。

（4）伊红美蓝琼脂（EMB）培养基　蛋白胨10g，乳糖10g，磷酸氢二钾2g，琼脂15g，伊红0.4g，美蓝0.065g，蒸馏水1000mL，pH7.1。

将上述成分加热溶解，调节pH值至7.1，分装锥形瓶，121℃高压灭菌15min，备用。

（5）三糖铁琼脂（TSI）培养基　蛋白胨20g，牛肉膏3g，乳糖10g，蔗糖10g，葡萄糖1g，硫酸亚铁铵（含6个结晶水）0.5g，酚红0.025g或5g/L溶液5mL，氯化钠5g，硫代硫酸钠0.5g，琼脂12g，蒸馏水1000mL。

除酚红和琼脂外，将其他成分加入400mL蒸馏水中，搅拌均匀，静置约10min，加热煮沸至完全溶解，调节pH值至7.4。另将琼脂加入600mL蒸馏水中，搅拌均匀，静置约10min，加热煮沸至完全溶解。将上述两溶液混合均匀后，再加入酚红指示剂，混匀，分装试管（12mm×100mm），每管约2～4mL，120℃高压灭菌10min，灭菌后制成高层斜面，呈橘红色。

(6) 蛋白胨水培养基　蛋白胨（或胰蛋白胨）20g，氯化钠5.0g，蒸馏水1000mL，pH 7.4。

将上述成分加入蒸馏水中，煮沸溶解，调节pH值，分装小试管，121℃高压灭菌15min。

(7) 半固体琼脂培养基　蛋白胨10g，牛肉浸粉3g，琼脂4g，氯化钠5g，蒸馏水100mL，pH7.4。

称量上述成分于100mL蒸馏水中，加热煮沸溶解，调节pH值至7.4，分装于小试管中，121℃高压灭菌15min，直立备用。

(8) pH7.2尿素琼脂培养基　蛋白胨1g，葡萄糖1g，氯化钠5g，0.4%酚红溶液3mL，KH_2PO_4 2g，20%尿素溶液100mL，蒸馏水1000mL，pH7.2。

将除尿素以外的成分溶解于蒸馏水中，装于锥形瓶中，121℃灭菌15min，冷却至50℃左右，加入经无菌过滤除菌的20%尿素溶液。此时pH值在7.2左右。分装于灭菌试管中，每管5mL，摆成斜面备用。

(9) 氰化钾（KCN）培养基　蛋白胨10g，氯化钠5g，磷酸二氢钾0.225g，磷酸氢二钠5.64g，蒸馏水1000mL，0.5%氰化钾20mL，pH7.2。

将除氰化钾以外的成分加入蒸馏水中，煮沸溶解，分装后121℃高压灭菌15min。放在冰箱内使其充分冷却。每100mL培养基加入0.5%氰化钾溶液2mL（最后浓度为1∶10000），分装于无菌试管内，每管约4mL，立刻用无菌橡皮塞塞紧，放在4℃冰箱内，至少可保存2个月。同时，将不加氰化钾的培养基作为对照培养基，分装试管备用。

注意：氰化钾是剧毒物质，使用时应小心，切勿沾染，以免中毒。

(10) 赖氨酸脱羧酶实验培养基　蛋白胨5g，酵母浸膏3g，葡萄糖1g，蒸馏水1000mL，1.6%溴甲酚紫-乙醇溶液1.0mL，L-赖氨酸0.5g/100mL或DL-赖氨酸1.0g/100mL，pH 6.8。

除赖氨酸以外的成分加热溶解后，分装每瓶100mL，分别加入赖氨酸。L-赖氨酸按0.5%加入，DL-赖氨酸按1%加入。调节pH值至6.8。对照培养基不加赖氨酸。分装于无菌的小试管内，每管0.5mL，上面滴加一层液体石蜡，115℃高压灭菌10min。

3. 试剂

氧化酶试剂，革兰氏染色液。

4. 实验仪器

灭菌培养皿，灭菌试管，灭菌锥形瓶，灭菌广口瓶，接种环，接种针，玻璃棒，酒精灯，3号比浊管，均质器，离心机，冰箱，恒温箱。

四、实验流程

增菌→分离→生化试验→血清学实验→肠毒素实验

程序检验图见图 30-1。

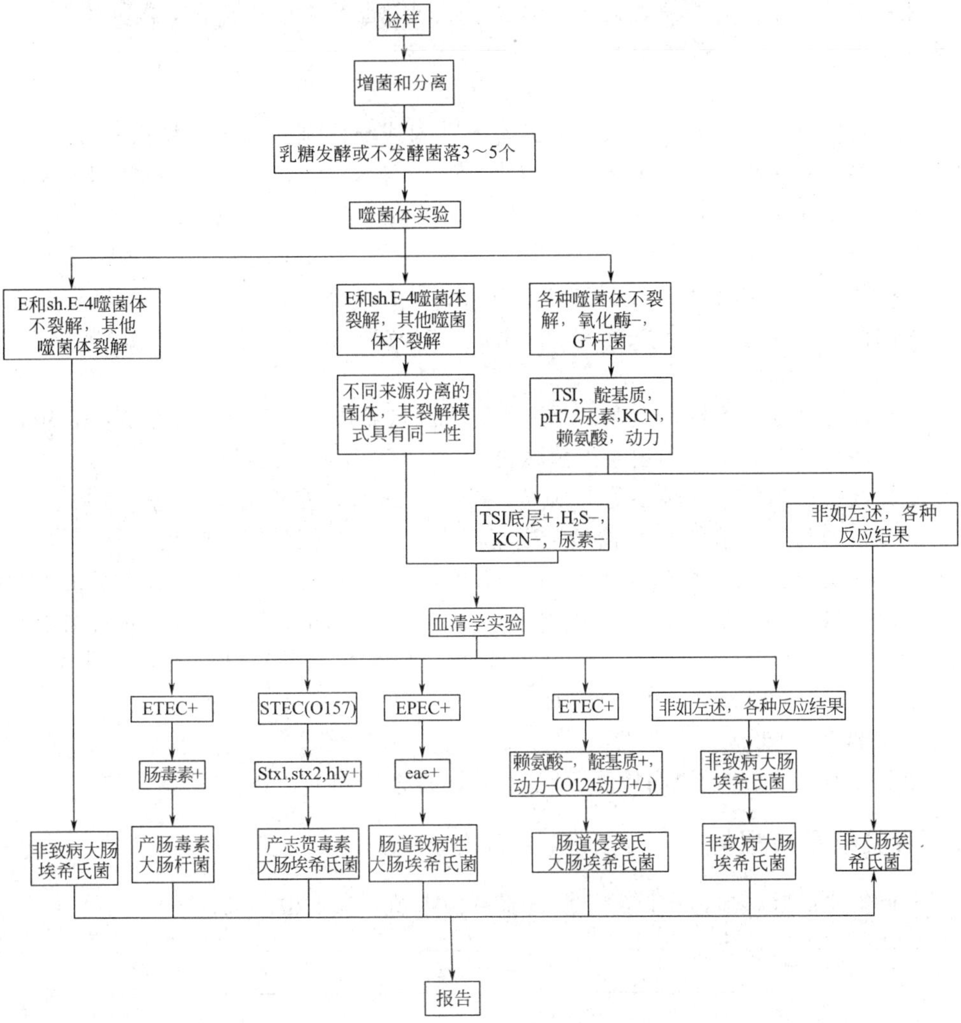

图 30-1 程序检验图

五、实验步骤

1. 增菌

样品采集后应尽快检验，除易腐食品在检验之前应予冷藏外，一般不冷藏。以无菌操作称取检样 25g，加入 225mL 营养肉汤中，以均质器打碎 1min，或用乳钵加灭菌砂磨碎。于 36℃培养 6～8h，培养时间视细菌生长情况而定，当培养液出现轻微混浊时即应终止培养。

2. 分离

将乳糖发酵阳性的乳糖胆盐发酵管和增菌液分别划线接种于麦康凯平板或伊红美蓝平板上；污染严重的检样，可将检样匀液直接划线接种于麦康凯平板或伊红美蓝平板上，于37℃培养18～24h。观察菌落。

注意事项： 不但要注意乳糖发酵的菌落，同时也要注意乳糖不发酵和迟缓发酵的菌落。

3. 生化实验

（1）自鉴别平板上直接挑取数个菌落分别划线与穿刺接种于三糖铁高层斜面上，同时将这些培养物分别接种于半固体琼脂、蛋白胨水、pH7.2尿素琼脂、KCN培养基和赖氨酸脱羧酶试验培养基中。以上培养物均在36℃培养过夜。

（2）三糖铁高层斜面产酸或者不产酸，底层产酸，硫化氢阴性，KCN阴性和尿素阴性的培养物为大肠埃希氏菌。三糖铁高层斜面底层不产酸或硫化氢、KCN、尿素有任何一项为阳性的培养物，均非大肠埃希氏菌。必要时做氧化酶试验和革兰氏染色镜检。

4. 血清学试验

（1）假定试验　挑取经生化试验证实为大肠埃希氏菌的琼脂斜面培养物，用致病性、侵袭性、产肠毒素大肠埃希氏菌多价O血清和出血性大肠埃希氏菌O_{157}血清做玻片凝集试验。当与某一种多价O血清凝集时，再与该多价血清所包含的单价O血清做试验。如与某一单价O血清呈现凝集反应时，即为假定试验阳性。

（2）证实试验　制备O抗原悬液，稀释至与Mac Farland 3号比浊度相当的浓度。原效价为1∶(160～320）的O血清，用0.5%盐水稀释至1∶40。稀释血清与抗原悬液在10mm×75mm试管内等量混匀，做单管凝集试验。再放入50℃水浴箱内，16h后观察，若出现凝集，可证实为该O抗原。

5. 肠毒素实验

参照ELISA试剂盒说明检测ST（耐热肠毒素）和LT（不耐热肠毒素）。

六、实验结果与报告

根据生化试验、血清学试验、肠毒素试验，填写如下检测报告。

试验类型	试验现象	判定结果
生化试验		
血清学试验		
肠毒素试验		

七、思考题

1. 五种致病性大肠埃希氏菌的主要临床症状和检测依据各是什么？
2. 怎样预防致病性大肠埃希氏菌引起的食物中毒？
3. 致病性大肠埃希氏菌的检验程序是什么？

实验三十一　发酵食品中肉毒梭菌的检验

一、实验目的

1. 了解肉毒梭菌的生长特性和产毒条件。

2. 掌握肉毒梭菌及其毒素检验原理和方法。

二、实验原理

肉毒梭菌是一种生长在常温、低酸和缺氧环境中的革兰氏阳性细菌，在不正确加工、包装、贮存的罐装食品或真空包装食品里都能生长。芽孢卵圆形、近端位。在庖肉培养基中生长时，混浊，产气，发臭，能消化肉渣。肉毒梭菌产生的肉毒毒素是目前毒性最强的毒素之一。人体的胃肠道很适于肉毒杆菌居住。肉毒毒素对酸的抵抗力特别强，胃酸溶液24h内不能将其破坏，故可被胃肠道吸收，损害身心健康。所以，食入和吸收这种毒素后，神经系统将遭到破坏，出现恶心、呕吐、头晕、呼吸困难和肌肉乏力等症状。

肉毒梭菌按其所产毒素的抗原特异性分为A、B、C、D、E、F、G等七个型。除G型菌之外，其他各型菌分布相当广泛。我国各地发生的肉毒梭菌中毒主要是A型和B型菌。E型和C型菌也发现过中毒。至于D型和F型菌，我国尚未见到由此而发生的肉品中毒事件。

肉毒梭菌检验目标主要是毒素，不论食品中的肉毒毒素检验还是肉毒梭菌检验，均以毒素的检测及定型试验为判定的主要依据。

三、实验材料

1. 样品

火腿、腊肠、罐头食品，豆类、谷类等发酵食品。

2. 菌种

肉毒梭状芽孢杆菌 *Clostridium botulinum*、某种梭状芽孢杆菌 *Clostridium* sp.。

3. 培养基

(1) 庖肉培养基

① 配方　牛肉浸液1000mL，蛋白胨30g，酵母膏5g，磷酸二氢钠5g，葡萄糖3g，可溶性淀粉2g，碎肉渣适量，pH7.8。

② 制法　称取牛肉500g，加蒸馏水1000mL和1mol/L氢氧化钠25mL，搅拌煮沸15min，冷却，除去表层脂肪，澄清，过滤，加水补足至1000mL。加入除碎肉之外的各种成分，调节pH值。碎肉渣经水洗后晾至半干，分装入试管，每管加入铁屑少许。将上述培养基分装至每管内超过肉渣表面约1cm。上面覆盖熔化的凡士林0.3～0.4cm，121℃高压灭菌15min。

（2）卵黄琼脂培养基

① 配方　牛肉浸液 1000mL，蛋白胨 15g，氯化钠 5g，琼脂 25～30g，pH7.5，50％葡萄糖水溶液，50％卵黄盐水悬液。

② 制法　制备基础培养基，每瓶分装 1000mL。121℃高压灭菌 15min。需用时加热熔化琼脂，冷至 50℃，每瓶内加入 50％葡萄糖水溶液 2mL 和 50％卵黄盐水悬液 10～15mL，摇匀，倾注平板。

4. 试剂

明胶磷酸盐缓冲液、肉毒分型抗毒诊断血清、胰酶（活力 1∶250）、革兰氏染色液、生理盐水。

5. 仪器与材料

离心机和离心管、均质器、恒温培养箱、光学显微镜、厌氧培养装置（常温催化除氧式或碱性焦性没食子酸除氧式）、吸管、注射器、接种针、移液管、载玻片、无菌平皿、酒精灯、玻璃棒、小白鼠。

四、实验流程

见图 31-1。

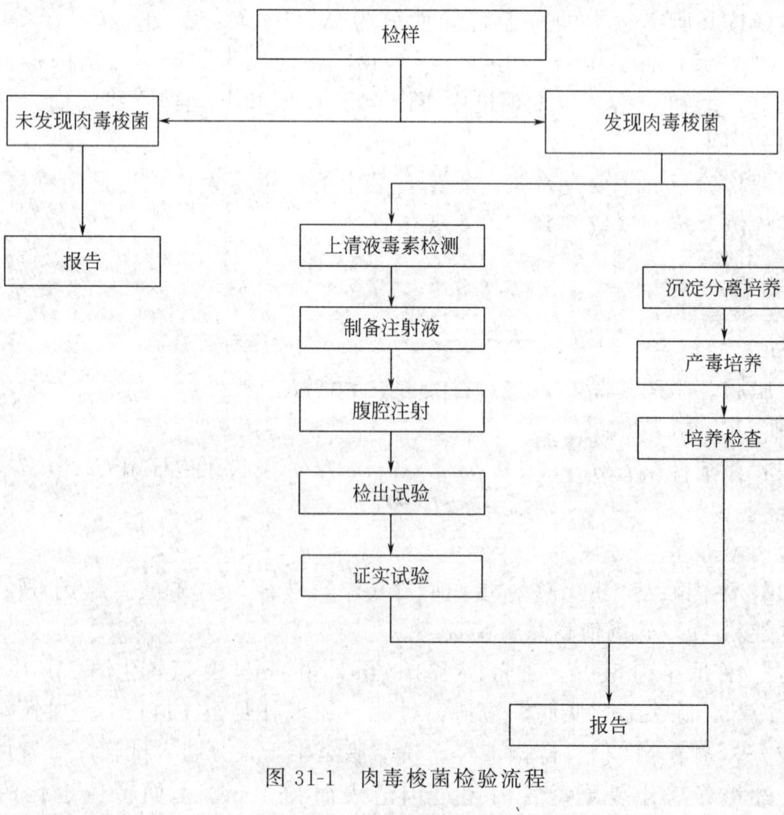

图 31-1　肉毒梭菌检验流程

五、实验步骤

1. 检样

将固体或半固体样品加入适量的明胶磷酸盐缓冲液，研碎，在 3000r/min 离心 30min，取上清液。液体状样品直接以同样条件离心，取上清液。

2. 增菌培养

取庖肉培养基 5 支试管，分别标记 1～5 号，煮沸 10～15min 后，做如下处理。

1 号：急速冷却，接种检样均质液 1～2mL。

2 号：冷却至 60℃，接种检样均质液 1～2mL，继续于 60℃保温 10min，急速冷却。

3 号：接种检样均质液 1～2mL，继续煮沸加热 10min，急速冷却。

4 号：急速冷却，接种肉毒梭菌菌种。

5 号：急速冷却，作为空白对照。

以上 5 支试管于 30℃厌氧培养 5 天，若无生长，再培养 10 天，到期无生长，即可报告“未发现肉毒梭菌”。若有生长，取培养物进行离心（300r/min，15min），上清液做毒素检测，沉淀用于分离培养。

3. 毒素检测

(1) 制备注射液　用上述培养物的上清液制备 5 组注射液。

① 上清液不做任何处理。

② 胰酶激活处理液，即上清液 9mL 加 1%胰酶（活力 1∶250）水溶液 1mL，37℃保温 60min，不时搅动。

③ 胰酶激活处理液 1mL，加入 1mL 多型混合肉毒抗毒诊断血清，混匀后 37℃保温 30min。

④ 胰酶激活处理液 1mL，加入 1mL 明胶磷酸盐缓冲液，混匀后煮沸 10min。

⑤ 胰酶激活处理液 1mL，加入 1mL 明胶磷酸盐缓冲液，混匀即可。

(2) 腹腔注射　每组 2 只小白鼠（体重为 15～20g）分别注射上述①～⑤号注射液，每只腹腔注射 0.5mL。另以 2 只小白鼠作为对照，每只腹腔注射经灭菌的明胶磷酸盐缓冲液 0.5mL。对小白鼠相同条件饲养，连续观察 4 天。

(3) 检出试验　注射液中若有毒素存在，小白鼠一般于 24h 之内发病死亡。主要症状为竖毛，四肢瘫软，呼吸困难，呼吸呈风箱式，腰部凹陷，宛若蜂腰，最终死于呼吸麻痹。肉毒毒素是一种蛋白质，分为有活性和无活性两种状态，非活性的肉毒毒素可被胰酶激活而具毒性。因此，①组动物存活，而②组死亡，仍能说明上清液中可能含有肉毒毒素。

(4) 证实试验　③～⑤组为毒素检测的确证试验。若③组、④组动物均获得保护性存活，仅⑤组小白鼠以特有症状死亡，则可以判定培养液中有肉毒毒素存在。必要时应进行毒素定型试验，并测定检样中肉毒毒素的毒力。

4. 分离培养

(1) 分离培养　选取经毒素检测试验证实含有肉毒毒素的前述增菌培养物的沉淀

物，加无菌生理盐水稀释至原体积（必要时可选适宜的加热处理方式重复一次），取菌液划线接种于卵黄琼脂平板上，35℃厌氧培养48h。肉毒梭菌在卵黄琼脂平板上生长时，菌落及其周围培养基表面覆盖着特有的彩虹样（或珍珠样）薄层，但G型菌无此现象。

（2）产毒培养　根据菌落形态及染色镜检菌体形态，挑取可疑菌落接种于庖肉培养基，于30℃培养5天，进行培养特征检查确证试验。

（3）培养检查　取庖肉培养液接种卵黄琼脂平板两个，分别在需氧和厌氧条件下，于35℃培养48h，观察生长情况及菌落形状。肉毒梭菌只有在厌氧情况下才能在卵黄琼脂平板上生长并形成具有上述特性的菌落，而在需氧条件下则不生长。

六、实验结果与报告

记录试验过程和现象，并报告样品检测结果。

七、思考题

1. 肉毒梭菌有无芽孢？是需氧菌还是厌氧菌？
2. 肉毒梭菌引起的食物中毒是感染型还是毒素型？两者有何区别？

实验三十二　蛋白质分解菌的检测

一、实验目的

1. 学习和掌握蛋白质分解菌的检测方法。
2. 了解蛋白质分解菌的生理生化特性。

二、实验原理

蛋白质分子在蛋白质分解菌分泌的蛋白质水解酶的作用下，在肽键处断裂，生成多肽和二肽。多肽和二肽在肽酶的作用下水解，生成各种氨基酸。二肽和氨基酸可被细菌吸收，氨基酸在体内脱氨基酶的作用下，经脱氨基作用生成氨。不同种蛋白质分解菌在不同的条件下所进行的脱氨基作用的方式（氧化脱氨基、水解脱氨基、还原脱氨基）及代谢产物也不同。如有些蛋白质分解菌能使色氨酸氧化脱氨基，生成吲哚、CO_2 和 H_2O；还可以用脱羧酶使氨基酸脱羧，生成胺类（如组胺）和 CO_2。可借此鉴别蛋白质分解菌。

利用蛋白质分解菌能产生蛋白质水解酶的特性，可以选择酪蛋白或者以蛋白质为主要成分的分离培养基对蛋白质分解菌进行分离和检测。菌体分泌的酶可以将大分子的蛋白水解而在菌落周围形成透明圈。根据透明圈的直径（d_1）与菌落的直径（d_2）之比（d_1/d_2），可以初步确定酶的活力，其比值越大，酶活力越高。

明胶是一种动物蛋白质，高于24℃时可以液化，低于20℃时凝固。某些微生物能产生明胶液化酶（一种蛋白酶），能将明胶先水解为多肽，又进一步将多肽水解为氨基酸，明胶失去凝胶性质，使培养基由固态变为液态。利用此特性，可以鉴定某些能产生明胶液化酶的微生物。

三、实验材料

1. 试剂和培养基

酪蛋白，牛肉浸粉，蛋白胨，牛肉膏，氯化钠，磷酸氢二钾，琼脂，溴百里酚蓝，明胶，三氯乙酸，磷酸二氢钾，L-酪氨酸。

（1）酪素平板培养基　酪蛋白10.0g，牛肉浸粉3.0g，氯化钠5.0g，磷酸氢二钾2.0g，琼脂15.0g，溴百里酚蓝0.05g，定容至1L，pH值7.4±0.1。121℃灭菌15min，冷却至适合温度，于超净工作台上，倒平板，备用。

（2）明胶培养基　氯化钠5g，蛋白胨10g，牛肉膏3g，明胶120g，定容至1L。将上述成分混合后，加热溶解，校正pH值至7.0～7.2，用纱布过滤。分装试管，121℃灭菌15min，备用。

2. 仪器和器材

恒温培养箱，灭菌锅，离心机，超净工作台，游标卡尺，分光光度计，培养皿，试管，涂布棒，接种针，移液管，微量移液器，水浴锅，计时器，pH计等。

四、实验流程

采样→菌种分离（涂布分离→挑菌落→纯化）→性能鉴定→蛋白酶活力测定（标准曲线绘制→样品酶活力测定→酶活力计算）

五、实验步骤

1. 采样

选取腐败的瘦肉或大豆制品，从中挑取使之腐败的微生物进行培养、分离和鉴定。采集的样品如果在2h内不用，必须进行冷冻保藏，以防变质。

2. 菌种分离

（1）涂布分离　将取来的样品以10倍稀释法适当稀释，适当预热处理，取最后三个稀释度（即10^{-5}、10^{-6}、10^{-7}）的稀释液0.1mL，用灭菌的涂布棒将菌液均匀涂布在酪蛋白平板上，每个稀释度涂布2个平板，倒置于30℃的培养箱24～48h。

（2）挑菌落　观察酪蛋白平板上菌落周围的透明圈，用游标卡尺测定在平板培养基上出现的清晰透明圈直径（d_1，mm）及菌落直径（d_2，mm），然后按公式求出二者的比值。适当挑选几个比值大的菌落接入斜面培养，30℃培养24h，备用。

（3）纯化　将选定的几种菌种在酪素平板培养基上进行划线分离，以达到纯化的目的。

3. 性能鉴定（明胶液化试验）

挑取培养18～24h的待试菌，以穿刺接种于明胶上层约2/3深度。于20～22℃培养7～14天。明胶上层亦可培养于（36±1)℃。

另取一支未接种的培养基一同培养作对照，每天取出两支试管，放入冰箱放置20～30min后，再观察结果：明胶液化，为阳性，＋；明胶凝固，为阴性，－。

六、实验结果与报告

1. 分离和性能实验

菌株	d_1/mm	d_2/mm	d_1/d_2	备注

2. 明胶液化实验

菌株	阳性(＋)	阴性(－)	备注

七、思考题

1. 蛋白质分解菌分解蛋白质的机理是什么？
2. 穿刺接种后的明胶试管可以在35℃培养，在培养后如何证明明胶已被水解？

实验三十三 大肠埃希氏菌噬菌体的分离、检测及其效价测定

一、实验目的

1. 了解噬菌体效价的含义及其测定原理。
2. 学会检测噬菌体的方法。
3. 掌握用双层琼脂平板法测定噬菌体效价的操作技能。

二、实验原理

噬菌体是一类专性寄生于细菌和放线菌等微生物的病毒，其个体形态极其微小，用常规微生物计数法无法测得其数量。当烈性噬菌体侵染细菌后会迅速引起敏感细菌裂解，释放出大量子代噬菌体，然后它们再扩散和侵染周围细胞，最终使含有敏感菌的悬液由混浊逐渐变清，或在含有敏感细菌的平板上出现肉眼可见的空斑——噬菌斑。了解噬菌体的特性，快速检查、分离，并进行效价测定，对在生产和科研工作中防止噬菌体的污染具有重要作用。

样品可以是发酵液、空气、污水、土壤等（至于无法采样而需检查的对象，可以用无菌水浸湿的棉花涂拭表面作为检查样品）。为了易于分离可先经增殖培养，使样品中的噬菌体数量增加。

采用生物测定法进行噬菌体检查，约需 12h 左右，因而不能及时判断是否有噬菌体污染。通过快速检查可大致确定是否有噬菌体污染，以采取必要的防治措施。正常发酵（培养）液离心后菌体沉淀，上清液蛋白含量很少，加热后仍然清亮；而侵染有噬菌体的发酵（培养）液经离心后其上清液中因含有自裂解菌中逸出的活性蛋白，加热后发生蛋白质变性，因而在光线照射下出现丁达尔效应而不清亮。此法简单、快速，对发酵液污染噬菌体的判断亦较准确，但不适于溶源性细菌及温合噬菌体的诊断，对侵染噬菌体较少的一级种子培养液也往往不适用。

噬菌体的效价即 1mL 样品中所含侵染性噬菌体的粒子数。效价的测定一般采用双层琼脂平板法。由于在含有特异宿主细菌的琼脂平板上，一般一个噬菌体产生一个噬菌斑，故可根据一定体积的噬菌体培养液所出现的噬菌斑数，计算出噬菌体的效价。此法所形成的噬菌斑的形态、大小较一致，且清晰度高，故计数比较准确，因而被广泛应用。

三、实验材料

1. 菌种

敏感指示菌（大肠杆菌）、大肠杆菌噬菌体（从阴沟或粪池污水中分离）。

2. 试剂和培养基

试剂包括氯仿，胰蛋白胨，牛肉膏，NaCl，琼脂粉等。培养基有：

（1）液体牛肉膏培养基　胰蛋白胨 2g，牛肉膏 0.6g，NaCl 1g，加 H_2O 至 200mL，pH 7.4，121℃高压灭菌 20min。

（2）3×牛肉膏培养液　胰蛋白胨 3g，牛肉膏 0.9g，NaCl 1.5g，加 H_2O 至 100mL，pH 7.4，121℃高压灭菌 20min。

（3）固体牛肉膏培养基（下层培养基）　每 100mL 液体牛肉膏培养基加入 1.5g 琼脂粉，121℃高压灭菌 20min。

（4）半固体牛肉膏培养基（上层培养基）　每 100mL 液体牛肉膏培养基加入 0.7g 琼脂粉，121℃高压灭菌 20min。

3. 仪器和器具

高压蒸汽灭菌锅，恒温生化培养箱，恒温水浴锅，离心机，离心管，分光光度计，无菌的试管，培养皿，锥形瓶，移液管（1mL、5mL），无菌吸管，接种环，玻璃涂棒，无菌细菌过滤器（孔径 0.22μm）等。

四、实验流程

1. 噬菌体的分离纯化鉴定

制备菌悬液→增殖培养→制备裂解液→噬菌体纯化→噬菌体检测

2. 噬菌体效价的测定

倒平板→稀释噬菌体→噬菌体与菌液混合→接种上层平板→观察并计数

五、实验步骤

1. 噬菌体的分离

（1）制备菌悬液　用接种环在斜面上挑取少许大肠杆菌菌苔接入盛有 5mL 液体牛肉膏培养基的试管中，混合均匀后置 37℃ 培养过夜。

（2）增殖培养　在盛有 10mL 3×牛肉膏蛋白胨液体培养基的锥形瓶（250mL）中加入阴沟污水 20mL 和大肠杆菌过夜培养物 0.3mL，混合后置 37℃ 振荡培养 12～24h。

（3）制备裂解液　将上述混合培养物倒入一支 50mL 无菌离心管中，经 4000r/min 离心 15min；将上清液小心转入另一无菌离心管中，所得裂解液经 37℃ 培养过夜，以作无菌检查，此为噬菌体裂解液；还可加入几滴氯仿，稍作混合，备用。

2. 噬菌体的纯化

（1）取上述经证实的噬菌体裂解液 0.1mL 于一支无菌试管中，再加入 0.1mL 新鲜的大肠杆菌培养物，混合均匀。

（2）取上层琼脂培养基熔化并冷却至 55℃（可预先熔化后置 50～55℃ 水浴锅内保温备用），加入 0.2mL 上述噬菌体与细菌的混合物，混匀后快速倒入含下层培养基的平板上，铺匀，置 37℃ 培养 24h。

（3）取出培养的平板，仔细观察噬菌斑的形态特征（如噬菌斑形状、大小、清亮程度等）。此过程制备的裂解液中往往含有多种噬菌体，需进一步纯化。

（4）纯化时，通常采用接种针在单个噬菌斑中刺一下，蘸取少许噬菌体接入含有大肠杆菌的液体培养基中，置 37℃ 振荡培养，直至试管中的菌悬液由混浊变清；培养物经离心后取上清液，再重复（2）、（3）的步骤，直至出现的噬菌斑形态一致为止。

3. 噬菌体检测

（1）双层琼脂平板法

① 倒下层琼脂　熔化下层培养基，倒平板（约 10mL/皿）待用。

② 倒上层琼脂　熔化上层培养基，待熔化的上层培养基冷却至 50℃ 左右时，每管中加入敏感指示菌（大肠杆菌）菌液 0.2mL，待检样品液或上述噬菌体增殖液

0.2～0.5mL，混合后立即倒入上层培养基铺平。

③ 恒温培养　30℃恒温培养 6～12h 观察结果。

④ 观察结果　如有噬菌体，则在双层培养基的上层出现透亮无菌圆形空斑——噬菌斑。

（2）单层琼脂平板法　省略下层培养基，将上层培养基的琼脂量增加至 2%，熔化后冷却至 45℃左右，如同上法加入指示菌和检样，混合后迅速倒平板。30℃恒温培养 6～16h 后观察结果。

（3）离心分离加热法　取大肠杆菌正常培养液和侵染有噬菌体的异常大肠杆菌培养液，4000r/min 离心 20min，分别取两组发酵液的上清液，一部分于 721 分光光度计上测定 OD_{650} 光密度值（A_1）；另外各取 5mL 上清液于试管中，置水浴中煮沸 2min，检测溶液 OD_{650} 光密度值（A_2），记录结果。

4. 噬菌体效价的测定

（1）倒平板　将熔化后冷却到 45℃左右的下层牛肉膏蛋白胨固体培养基倾倒于 11 个无菌培养皿中，每培养皿约倾注 10mL 培养基，平放，待冷凝后在培养皿底部注明噬菌体稀释度。

（2）稀释噬菌体　按 10 倍稀释法，吸取 0.5mL 大肠杆菌噬菌体，注入一支装有 4.5mL 1%蛋白胨水的试管中，即稀释到 10^{-1}，依次稀释到 10^{-6} 稀释度。

（3）噬菌体与菌液混合　分别从 10^{-4}、10^{-5} 和 10^{-6} 噬菌体稀释液中吸取 0.1mL 于上述编号的无菌试管中，每个稀释度平行做三支试管，并分别标记 10^{-4}、10^{-5}、10^{-6}。在另外两支对照管中加 0.1mL 无菌水，并分别于各管中加入 0.2mL 大肠杆菌菌悬液，振荡试管使菌液与噬菌体液混合均匀，置 37℃水浴中保温 5min，让噬菌体粒子充分吸附并侵入菌体细胞。

（4）接种上层平板　将 11 支熔化并保温于 45℃的上层牛肉膏蛋白胨半固体琼脂培养基 5mL 分别加入到含有噬菌体和敏感菌液的混合管中，迅速搓匀，立即倒入相应编号的底层培养基平板表面，边倒边摇动平板使其迅速地铺展表面。水平静置，凝固后置 37℃培养。

（5）观察并计数　观察平板上的噬菌斑，并将结果记录于实验报告表格内，选取每培养皿有 30～300 个噬菌斑的平板计算噬菌体效价。

计算公式：

$$N=\frac{Y}{VX}$$

式中　N——效价值，PFU/mL；

Y——平均噬菌斑数，个/皿；

V——取样量，mL/皿；

X——噬菌体稀释度。

例如：当稀释度为 10^{-6} 时，取样量为 0.1mL/皿，同一稀释度中 3 个平板上噬菌斑的平均值为 186 个，则该样品的效价为：

$$N=\frac{186}{0.1\times10^{-6}}=1.86\times10^{9}$$

六、实验结果与报告

1. 噬菌体检测

（1）离心分离加热法

处理方法	离心上清液(A_1)	离心上清液加热煮沸后(A_2)	A_1/A_2
正常发酵液(对照)			
异常发酵液(试验)			

（2）绘图说明平板上噬菌斑的检测结果，指出噬菌斑和宿主细菌。

2. 噬菌体效价测定

（1）平板上噬菌斑的数量统计结果

噬菌体稀释度	10^{-4}			10^{-5}			10^{-6}			对照		
噬菌斑数/(个/皿)												
平均每皿噬菌斑数量/个												

（2）计算噬菌体效价（即噬菌斑形成单位 PFU，plague forming unit）

七、思考题

1. 有哪些方法可检查发酵液中确有噬菌体存在？比较其优缺点。
2. 测定噬菌体效价的原理是什么？要提高测定的准确性应注意哪些操作？

实验三十四　食品中诱变剂与致癌剂的检测技术

一、实验目的

1. 理解 Ames 法快速检测诱变剂和致癌剂的原理。
2. 掌握 Ames 法快速检测诱变剂和致癌剂的方法。

二、实验原理

食品安全无论如何怎样强调都不会过分，迅速而准确地检测致癌物质是食品安全问题的重要方面。Ames 等发现 90%以上的诱变剂是致癌物质，由此，他们创立了一种快速测定法，即利用是否能引起鼠伤寒沙门氏菌组氨酸缺陷型（his^-）菌株的回复突变来判断化学物质是否诱变剂和致癌剂，并能区别突变的类型（置换或移码突变）。

这组检测菌株含有下列突变：

① 组氨酸基因突变（his^-），根据选择性培养基上出现 his^+ 的回复突变率可测出诱变剂或致癌物的诱变效率。

② 脂多糖屏障丢失（rfa），该菌株的细胞壁基因有缺陷，使待测物容易进入细胞内。

③ 紫外线切除修复系统缺失（ΔuvrB），同时其附近的硝基还原酶和生物素基因缺失（bio^-），使致癌物引起的遗传损伤的修复降低到最小的程度。

④ 耐药性标记 R，表示某些菌株具有抗氨苄青霉素（ampicillin）的质粒，从而提高了检出的灵敏性。

常用的几株鼠伤寒沙门氏菌命名为：TA1535、TA1537、Ta1538、TA97、TA98、TA100 及 TA102 等。这是一系列特异的营养缺陷型沙门氏菌株。检测菌株 TA1535 含有一个碱基置换突变，能检测引起置换突变的诱变剂。TA1537 在重复的 G-C 碱基对序列中有一个移码突变，能检测引起移码的诱变剂。TA98 和 TA100 就是上述菌株分别加上一个耐药性转移因子 pKM101 质粒后的菌株（质粒易丢失，故应尽可能减少传代）。

有的致癌物的诱变性是被哺乳动物肝细胞中的羟化酶系统活化的，而细菌却没有这种酶系统，故加入鼠肝匀浆的酶系统能增加检测的灵敏度。

三、实验材料

1. 菌种

鼠伤寒沙门氏菌组氨酸缺陷型为 TA1535、TA100、TA1537 及 TA98 四个，对照菌株为 S-CK 野生型，以及脂多糖屏障丢失突变株（rfa）、UV 修复系统缺失突变株（ΔuvrB）和生物素缺陷株（bio^-）。TA100 和 TA98 菌株还具有抗药因子（R）的性状。其中，TA1535 及 TA100 能检测引起碱基置换的诱变剂，而 TA1537 及 TA98 则用来检测碱基移码的诱变剂。本实验推荐用 TA100 为测试菌株，S-CK 为对照菌株。

2. 培养基和试剂

（1）底层培养基　葡萄糖 20g，柠檬酸 2g，$K_2HPO_4 \cdot 3H_2O$ 3.5g，$MgSO_4 \cdot 7H_2O$ 0.2g，琼脂（优质）12g，蒸馏水 1000mL，pH7.0。121℃灭菌 15min，用量 1000mL。

（2）组氨酸-生物素混合液　称 31mg L-盐酸组氨酸和 49mg 生物素溶于 40mL 蒸馏水中，备用。

（3）上层培养基　氯化钠 1.5g，优质琼脂 1.8g，加 270mL 蒸馏水，加热熔化后定容，然后加入 30mL 组氨酸-生物素混合液，摇匀后分装小试管 80 支，每支 3mL，121℃灭菌 15min。用量 250mL。

（4）“素琼脂”　氯化钠 0.5g，优质琼脂 0.6g，加 90mL 蒸馏水，加热熔化后定容。分装小试管 25 支，每支 3mL，121℃灭菌 15min。用量 100mL。

（5）肉汤培养基　牛肉膏 3g，蛋白胨 10g，氯化钠 5g，琼脂 20g，自来水 1000mL。调节 pH 值至 7.2～7.4，121℃灭菌 20min。用量 500mL。

（6）肉汤培养液　在肉汤培养基未加琼脂前，分装 10 支试管，每支 5mL。

（7）肝匀浆 S-9　选成年雄性大白鼠 3 只（每只体重在 300g 左右），称重，按每千克体重腹腔注射诱导物五氯联苯油溶液 2.5mL（五氯联苯用玉米油配制，浓度为

200mg/mL）提高酶活力。注射后第5天杀鼠。杀前，大鼠禁食24h，取3只大白鼠的肝脏合并后称重，用0.15mol/L KCl溶液洗涤3次，剪碎，每克肝脏（湿重）加3mL 0.15mol/L KCl溶液，制成匀浆。离心（9000r/min，10min），取上清液（即S-9）分装小试管，每管1～2mL，液氮速冻，－20℃冷藏备用。所用器皿、刀剪、溶液都需保持无菌，并在0～4℃下（也可在冰浴中）操作。

（8）大鼠肝匀浆混合液

制备方法如下。

① 0.2mol/L pH7.4磷酸缓冲液　$Na_2HPO_4 \cdot 12H_2O$ 7.16g，KH_2PO_4 2.72g，加水至100mL，灭菌后备用。

② 盐溶液　$MgCl_2$ 8.1g，KCl 12.3g，加水至100mL，灭菌后备用。

③ NADP（烟酰胺腺嘌呤二核苷酸磷酸，辅酶Ⅱ）和G-6-P（葡萄糖-6-磷酸）使用液　每100mL使用液含NADP 297mg、G-6-P 152mg、0.2mol/L pH 7.4的磷酸缓冲液50mL、盐溶液2mL，加水至100mL。细菌过滤器过滤除菌，经无菌试验后分装成每瓶10mL的小瓶，－20℃贮存备用。

④ S-9混合液　取2mL S-9加入10mL NADP和G-6-P使用液（将低温贮存S-9和使用液室温下融化后现配现用），混合液置于冰浴中，用后多余部分弃去。

（9）其他试剂　亚硝基胍（50μg/mL、250μg/mL、500μg/mL，用甲酰胺0.05mL助溶后用pH 6的0.1mol/L磷酸缓冲液配制），氨苄青霉素（8mg/mL，用0.02mol/L NaOH配制），黄曲霉毒素B_1（50μg/mL，5μg/mL），结晶紫（1mg/mL），生理盐水，氯化钾（15mol/L）。

3. 仪器和材料

高速离心机，组织匀浆机，游标卡尺、培养皿，移液管，试管，15W紫外灯，水浴锅，圆滤纸片（直径10mm的厚滤纸）若干，镊子，黑纸，注射器5个，台秤，剪刀，烧杯，匀浆管，血清瓶。

四、实验流程

1. 测试菌株的鉴定

组氨酸和生物素标记的鉴定→脂多糖屏障丢失（rfa）的鉴定→耐药性鉴定→紫外线切除修复缺失（ΔuvrB）的鉴定

2. NTG和黄曲霉毒素B诱变作用的检测

细菌培养→纸片点样检测→黄曲霉毒素B_1的诱变检测→加S-9检测法→阳性对照和S-9活性鉴定→诱变性的定性鉴定→诱变性的定量鉴定→数据记录和分析

五、实验步骤

（一）测试菌株的鉴定

1. 组氨酸和生物素标记的鉴定

将测试菌株TA1535、TA1537、TA98、TA100、S-CK等于实验前一天分别挑取一环到5mL肉汤液中，37℃培养过夜，离心洗涤4次。将底层培养基熔化后倒10

皿。取10支“素琼脂”熔化后在48℃水浴中保温。分别吸取各试验菌液0.1mL到各试管中，混匀后立即倾注到底层平板上，每个菌株2皿。用记号笔划好3个区，在A点上加微量组氨酸固体（加量约芝麻粒的1/2），B点上加微量组氨酸和生物素，C点作空白对照，37℃培养2天观察结果。

2. 脂多糖屏障丢失（rfa）的鉴定

倒好肉汤培养基平板10皿，取10支“素琼脂”试管按1的方法倾注带菌的平板，各菌株2皿，在皿中心放一直径为0.6cm的圆形滤纸，滴上10μL结晶紫溶液（1mg/mL），37℃培养过夜后观察结果，测量抑菌圈直径。

3. 耐药性鉴定

倒好肉汤培养基平板4皿，在平板中心加0.01mL氨苄青霉素，用接种环轻轻涂成一条带，置37℃待干。用记号笔划好记号，分别挑取一环试验菌株，按与氨苄青霉素带垂直的方向划线，每皿间隔划三个菌株，每个菌株划两皿，37℃培养过夜，观察结果。

4. 紫外线切除修复缺失（ΔuvrB）的鉴定

倒好肉汤培养基平板4皿，每皿划三条不同试验菌的菌带，每个菌株划两皿。用灭菌的黑纸遮盖培养皿的1/2，置15W紫外灯下（距离30cm），照射8 s，在暗室内红灯下操作，照好后用黑纸包好，37℃培养过夜，观察结果。

（二）亚硝基胍（NTG）和黄曲霉毒素 B_1 的诱变作用

1. 诱变作用的初检（点滴法）

① NTG的诱变作用　倒好底层培养基平板18皿。熔化上层培养基18支放入48℃水浴中保温。将在37℃培养约17h的TA1535、TA100、TA98三个菌株的菌液稀释20倍后，各吸取200μL菌液加入上层培养基试管，搓匀后迅速倾入底层平板上，每个菌株6皿。待凝固后于平皿中心放入厚的圆滤纸片，分别加50μg/mL、250μg/mL、500μg/mL的NTG各20μL到滤纸片上，即每皿分别是1μg、5μg、10μg，37℃培养2天后观察结果。

② 黄曲霉毒素 B_1 的诱变作用　有些诱变剂和致癌剂要经肝匀浆酶系统活化后才能被测出，黄曲霉毒素就是这类物质之一。在测试的前1周，制备好肝匀浆S-9和含有6-P-G与NADP的pH 7.4的盐溶液，分别低温保存，实验前将这两部分化冻后按所需量混合制成S-9混合液，本实验取2mL S-9加入10mL pH 7.4的盐溶液，置冰浴中，备用。

倒好底层培养基平板24皿，熔化上层培养基24支，放入48℃水浴中保温。将在37℃培养约17h的TA1535、TA100、TA98三个菌株的菌液稀释20倍后，各吸取200μL菌液入上层培养基试管，每个菌株8支，其中4支加S-9混合液各200μL，另4支不加，搓匀后，迅速倾入底层平皿（S-9混合液加入后要立即倾入平皿，以免酶在48℃中失活）。待凝固后在皿中心放一厚的圆滤纸片，取2皿已加S-9混合液和2皿不加者分别加20μL的黄曲霉毒素 B_1（每毫升含有50μg黄曲霉毒素 B_1）。37℃培养，2天后观察结果。

2. 突变频率的测定

点试法简便，但仅能作为初步的定性测定，只有严格地测定了诱发回复突变频率后才能得到阳性或阴性的肯定结论。

① NTG 诱发回复突变的频率　倒好底层培养基平板 12 皿，熔化上层培养基 12 支，48℃水浴保温。分别吸取稀释 20 倍的菌液各 200μL 和 NTG（50μg/mL）100μL，放入上层试管中，搓匀后，立即倾注到底层平板上，每个菌株 2 皿，每平皿含 NTG 5μg。另外，分别吸取 200μL 菌液加入上层试管中，搓匀后立即倾注到底层平板上作对照，每个菌株 2 皿，37℃培养 2 天后观察结果，计算自发回复突变率和诱发回复突变率。凡诱发回复率超过自发回复突变率 2 倍以上者属于阳性，低于 2 倍者属于阴性。

为了计算突变频率，必须同时测定各菌液的活菌数目。为此需将上述三菌株的 20 倍稀释液再稀释至 10^{-5}、10^{-6} 后各取 100μL，与肉汤培养基混皿，各菌株 4 皿，37℃培养，2 天后计数。

② 黄曲霉毒素 B_1 诱发回复突变的频率　倒好底层培养基平板 24 皿，熔化上层培养基 24 支，48℃水浴保温。分别吸取稀释 20 倍的菌液各 200μL 到上层培养基试管，每个菌株 8 支，其中 4 支加 S-9 混合液各 200μL，另 4 支不加。分别取 2 支加S-9 混合液和 2 支不加者到含有 5μg/mL 的黄曲霉毒素 B_1 各 200μL（即每皿含有 1μg 黄曲霉毒素 B_1），搓匀后立即倾入底层平板上。其余 4 支不加黄曲霉毒素 B_1 者也搓匀倾入底层平板上。待凝固后置 37℃培养 2 天后计数。活菌计数与①相同。

六、实验结果与报告

1. 记下测试菌株的鉴定结果

（1）组氨酸和生物素标记的鉴定

菌株	组氨酸缺陷 his^-	生物素缺陷 bio^-
TA1535		
TA1537		
TA98		
TA100		
S-CK		

（2）脂多糖屏障丢失的鉴定

菌株	脂多糖屏障丢失突变 rfa
TA1535	
TA1537	
TA98	
TA100	
S-CK	

(3) 耐药性的鉴定

菌株	耐药因子 R
TA1535	
TA1537	
TA98	
TA100	
S-CK	

(4) 紫外线切除修复缺失的鉴定

菌株	紫外线修复系统缺失 uvrB
TA1535	
TA1537	
TA98	
TA100	
S-CK	

2. 诱变作用的初检实验结果

(1) NTG 诱发回复突变的初检结果

诱变剂	菌株	浓度/(μg/mL)	培养皿上长出的菌落数/(CFU/皿)		
			1	2	平均
NTG	TA1535	50			
		250			
		500			
	TA100	50			
		250			
		500			
	TA98	50			
		250			
		500			

(2) 黄曲霉毒素 B_1 诱发回复突变的初测结果

诱变剂	菌株	S-9	黄曲霉毒素 B_1	培养皿上长出的菌落数/(CFU/皿)		
				1	2	平均
黄曲霉毒素 B_1	TA1535	+	+			
		+	−			
		−	+			
		−	−			

续表

诱变剂	菌株	S-9	黄曲霉毒素 B_1	培养皿上长出的菌落数/(CFU/皿)		
				1	2	平均
黄曲霉毒素 B_1	TA100	+	+			
		+	−			
		−	+			
		−	−			
	TA98	+	+			
		+	−			
		−	+			
		−	−			

3. 诱发回复突变频率的测定结果

(1) NTG 诱发回复突变频率

诱变剂	菌株	培养皿上长出的菌落数/(CFU/皿)			突变率/%
		NTG(50μg/mL)	1	2	
NTG	TA1535	+			
		−			
	TA100	+			
		−			
	TA98	+			
		−			

(2) 黄曲霉毒素 B_1 诱发回复突变频率

诱变剂	菌株	S-9	黄曲霉毒素 B_1	培养皿上长出的菌落数/(cfu/皿)		突变率/%
				1	2	
黄曲霉毒素 B_1	TA1535	+	+			
		+	−			
		−	+			
		−	−			
	TA100	+	+			
		+	−			
		−	+			
		−	−			
	TA98	+	+			
		+	−			
		−	+			
		−	−			

七、思考题

1. 对致癌物质检测为什么选用回复突变基因作标记？
2. 诱变检测实验操作过程中要注意什么？

实验三十五 酸奶的制作和乳酸菌的分离、培养与性状观察

一、实验目的

1. 学会制作乳酸菌饮料的原理和方法。
2. 掌握菌种的分离纯化方法。

二、实验原理

酸乳是以牛乳为主要原料，接入一定量的乳酸菌，经发酵后而制成的一种乳制品饮料，当乳酸菌在牛乳中生长繁殖和产酸至一定程度时，pH 值下降，使乳酪蛋白在其等电点附近发生凝集，这种凝乳状酸奶称为凝固型酸奶。

溴甲酚绿指示剂法原理：溴甲酚绿指示剂在酸性环境中呈黄色，碱性环境中呈蓝色，分离培养基配制后 pH 值为 6.8，加入溴甲酚绿指示剂呈蓝绿色，产酸后菌落周围变成黄色，较容易鉴别。

三、实验材料

1. 菌种

新鲜乳酸饮料（标记只含有保加利亚乳杆菌和嗜热链球菌）。

2. 培养基

配制 BCG 牛乳培养基，分装锥形瓶，包扎，灭菌备用。无菌水 200mL，5 只试管用于 10 倍稀释，刻度管 1mL。

（1）BCG 牛乳培养基配制

① A 溶液　脱脂乳粉 10g，水 50mL，加入 1.6%溴甲酚绿（BCG）乙醇溶液 0.1mL，80℃灭菌 20min。1.6%溴甲酚绿乙醇溶液：用 1.6g 溴甲酚绿加入 20mL 无水乙醇中，再加水至 100mL 制成。

② B 溶液　酵母膏 1g，水 50mL，琼脂 2g，pH6.8（6.5～6.8），121℃湿热灭菌 20min。以灭菌操作趁热将 A 溶液和 B 溶液混合均匀后倒平板。

（2）脱脂乳试管培养基成分　20g 脱脂奶粉，285mL 无菌水，分装到 15 支试管中。121℃湿热灭菌 20min。

3. 试剂

脱脂奶粉、蔗糖、1.6%溴甲酚绿乙醇溶液（溴甲酚绿、无水乙醇）、酵母膏、琼

脂、革兰氏染液（结晶紫染液、卢戈氏碘液、95%乙醇、沙黄）、75%乙醇、香柏油、1mol/L NaOH、1mol/L HCl、碳酸钙。

4. 仪器和材料

高压蒸汽灭菌锅、恒压干热灭菌箱、超净工作台、光学显微镜、培养箱、pH 试纸、酸乳瓶、培养皿（ϕ9 或 ϕ12）、试管、300mL 锥形瓶（带玻珠）、移液管、天平、牛角匙、电炉、量筒、漏斗、漏斗架、玻璃棒、棉塞、吸管、线绳、标签、500mL 锥形瓶、250mL 锥形瓶、250mL 烧杯、酒精灯、石棉网、接种针（环）、擦镜纸。

四、实验流程

蔗糖、脱脂奶粉 ↓

原料鲜奶→净化→脂肪含量标准化→配料→过滤→预热→均质→杀菌→冷却→接种→分装→发酵→冷却→后熟

五、实验步骤

1. 乳酸菌的分离纯化

（1）样品的处理

按照无菌操作要求，从市售新鲜酸乳中吸取 10mL 检样，放入装有 90mL 无菌水的锥形瓶内，振摇混匀。

（2）分离方法

① BCG 平板培养基配制　按照实验材料中培养基部分所述方法配制平板培养基。

② 10 倍稀释法　将样品充分摇匀后稀释成 10^{-1}、10^{-2}、10^{-3}、10^{-4}、10^{-5} 各种稀释度的样品液。

③ 分离　直接用接种环蘸取 10^{-2}、10^{-3} 两个稀释度的试管中原液，在 BCG 牛乳培养基琼脂平板上划线分离，每稀释度做两个平皿。置 40℃ 培养箱中培养 48h，如出现圆形稍扁平的黄色菌落及周围培养基变为黄色者，初步定为乳酸菌。

2. 鉴别

（1）菌落鉴定：半固体或双平板琼脂利于乳酸菌的生长，菌落出现早。

（2）配制脱脂乳试管培养基。

（3）选取经初步鉴定的乳酸菌典型菌落，用接种环挑取转至脱脂乳试管中，40℃ 培养箱中培养 8～24h。若牛乳出现凝固，无气泡，呈酸性，涂片镜检细胞为杆状或链球状（两种形状的菌种分别选入），革兰氏染色阳性，则可将其连续传代 4～6 次，最终选择出在 3～6h 能凝固的牛乳管，作菌种待用。

3. 酸奶制作

（1）乳酸菌培养基的制作　将脱脂乳和水以 1∶7（质量∶体积）的比例，同时加入 6%的蔗糖，充分混合，于 80～85℃ 灭菌 10～15min，冷却至 35～40℃，作为制作饮料的培养基质。即脱脂乳 14.3g，无菌水 100mL，蔗糖 6g。

(2) 接种　将纯种嗜热乳酸链球菌、保加利亚乳酸杆菌及两种等量混合菌液作为发酵菌剂，均以2%～5%的接种量分别接入培养基质中，即为饮料发酵液。接种后摇匀，分装到已灭菌的酸乳瓶中，每一种菌的发酵液重复分装12瓶，将瓶盖拧紧密封。

(3) 发酵　将接种后的酸乳瓶置于30℃、36℃和42℃培养箱中培养2h或4h，培养时注意观察，出现凝乳后停止培养。然后转入4～5℃冰箱中冷藏24h以上。经此后熟阶段，达到酸度适中（pH4～4.5），凝块均匀致密，无乳清析出，无气泡，获得较好口感和特有风味。以品尝为标准评定酸乳质量，采用乳酸球菌和乳酸杆菌等量混合发酵的酸乳与单菌株发酵的酸乳相比较，前者的香味和口感更佳。品尝时，若出现异味，表明酸乳污染了杂菌。

六、实验结果与报告

1. 描述分离菌株菌落形态及初步鉴定结果。
2. 菌株鉴定

序号	菌株	镜检	过氧化氢酶	革兰氏染色	有无芽孢	结论
1						
2						
3						
4						
5						

3. 原味酸奶的形态、颜色、滋味、气味等性质。

七、思考题

1. 发酵酸乳为什么能引起凝乳？
2. 采用乳酸菌混合发酵的酸乳比单菌发酵的酸乳口感和风味哪个更佳？为什么？
3. 乳清析出是生产乳酸时常见的质量问题，其主要原因有哪些？

实验三十六　发酵风干香肠中葡萄球菌和微球菌的检测与鉴定

一、实验目的

1. 了解发酵风干香肠中葡萄球菌和微球菌的生物学特征。
2. 掌握葡萄球菌和微球菌的鉴定原理和方法。

二、实验原理

葡萄球菌和微球菌在香肠发酵中起了重要的作用，如颜色的稳定、过氧化物的清除、蛋白质和脂肪的降解等。因而它们能够加快发酵肉制品的发色，使产品更快地达到所需的质地，缩短加工时间，降低成本。此外，它们还能很好地控制病原菌和腐败菌的生长。

硝酸盐还原酶活性通常作为筛选葡萄球菌和微球菌的第一指标，因为实际上对产品最后的硝酸盐含量有严格的限制。而且，硝酸盐的还原对发酵肉制品的颜色和质量非常重要。过氧化氢酶可以清除产品中因乳酸菌代谢所产生的过氧化氢，过氧化氢作为强氧化剂对香肠颜色、芳香和货架期都会产生影响。另外，葡萄球菌和微球菌所分泌的脂肪酶和蛋白酶也关系到发酵香肠特有风味的形成。

葡萄球菌是一群革兰氏阳性球菌，因常堆聚成葡萄串状，故名。多数为非致病菌，少数可导致疾病。葡萄球菌是最常见的化脓性球菌，无鞭毛，无荚膜，不产生芽孢，营养要求不高，在普通培养基上生长良好，在含有血液和葡萄糖的培养基中生长更佳，需氧或兼性厌氧，少数专性厌氧。28～38℃均能生长，致病菌最适温度为37℃，pH值为4.5～9.8，最适为7.4。在琼脂平板上形成圆形、凸起、边缘整齐、表面光滑、湿润、不透明的菌落。葡萄球菌在血琼脂平板上形成的菌落较大，有的菌株菌落周围形成明显的完全透明溶血环（β溶血），也有不发生溶血者。多数葡萄球菌能分解葡萄糖、麦芽糖和蔗糖，产酸不产气。致病性菌株能分解甘露醇。葡萄球菌在自然界中分布很广，健康禽类的皮肤、羽毛、眼睑、黏膜、肠道等都有葡萄球菌存在。

微球菌细胞球形，直径0.5～2.0μm，成对、四联或成簇出现，但不成链。革兰氏阳性。罕见运动，不生芽孢。严格好氧，菌落呈黄或红。具呼吸的化能异养菌，产少量酸或不产酸。通常生长在简单的培养基上。接触酶阳性，氧化酶常常是阳性的，但往往很弱。通常耐盐，可在5%NaCl中生长。含细胞色素，抗溶菌酶，最适温度25～37℃。

三、实验材料

1. 样品

发酵风干香肠。

2. 试剂和培养基

（1）试剂　无菌生理盐水，3%H_2O_2溶液，革兰氏染色液，95%乙醇，红霉素，灭菌甘油，溶葡萄球菌素，溶菌酶。

（2）培养基

① 高盐甘露醇（MSA）琼脂培养基　蛋白胨10.0g，牛肉浸粉1.0g，甘露醇10.0g，氯化钠75.0g，酚磺酞0.025g，琼脂14.0g，水1000mL，pH 7.4±0.2。

② 牛肉膏蛋白胨琼脂培养基　牛肉膏3g，蛋白胨10g，NaCl 5g，琼脂15～20g，水1000mL，pH 7.4～7.6。

3. 仪器和材料

无菌平皿，载玻片，无菌吸管，酒精灯，接种环，灭菌均质器或灭菌研钵，电子天平，培养箱，光学显微镜，无菌过滤器等。

四、实验流程

样品稀释→倾注法接种平板→培养→观察菌落特征→镜检形态→红霉素敏感性检验→溶葡萄球菌素和溶菌酶敏感性检验

五、实验步骤

1. 发酵香肠中葡萄球菌和微球菌的分离

（1）样品稀释　无菌条件下准确称量 25g 样品，加入到 225mL 生理盐水中，均质（8000～10000r/min，1min）或研钵研磨，制成 10^{-1} 的均匀样品稀释液。用无菌吸管吸取 10^{-1} 稀释液 1mL 至 9mL 的无菌生理盐水中，充分振荡或用吸管反复吹吸多次，混匀，即成 10^{-2} 的样品稀释液。然后根据对样品含菌量的估计，将样品按 10 倍稀释法再稀释至不同的稀释度。

（2）倾注法接种平板　用无菌吸管吸取其中 2～3 个适宜稀释度的稀释液各 1mL 于相应的无菌平皿中，每个稀释度重复 2 次，倒入熔化并冷却至 50℃的 MSA 培养基约 15mL，摇匀，待凝固。

（3）培养和计数　将平皿倒置于 37℃恒温培养箱中，培养 48h，观察长出的圆形小菌落。

2. 葡萄球菌和微球菌的初步鉴定

（1）观察菌落特征　微球菌在 MSA 平板上形成圆形、凸起、有光泽、不透明、光滑湿润的小菌落，有的菌落产黄色至微黄色的色素。葡萄球菌在 MSA 平板上形成圆形、光滑、湿润、不透明、隆起的小菌落，有的菌落不产色素者为乳白色至灰白色。

（2）镜检形态　从平皿上挑取典型单个菌落少许进行革兰氏染色和 H_2O_2 酶试验。微球菌细胞呈球形，直径为 0.5～2.5μm，单个，成对或四联排列，为无芽孢的 G^+ 菌；葡萄球菌细胞呈球形，直径 0.8～1.5μm，单个，成对或葡萄串状，为无芽孢的 G^+ 菌。将 MSA 平板上 G^+ 菌、H_2O_2 酶（+）、无芽孢球菌的菌落进行下一步的鉴定。

（3）红霉素敏感性试验　取 90mL 牛肉膏蛋白胨琼脂培养基于锥形瓶（或有螺纹盖的瓶）中，121℃灭菌 15min。另取 4mg 红霉素溶于 0.5mL 95%乙醇中，用蒸馏水定容至 100mL，用无菌过滤器过滤除菌。将 90mL 牛肉膏蛋白胨琼脂培养基熔化，冷却至 46～48℃，加入 10%的灭菌甘油溶液 10mL 和 1mL 准备好的红霉素溶液，倒平板约 15mL，冷却凝固后划线接种，每个平皿接种 6 个分离的菌落，37℃培养，2 天后观察结果。

（4）溶葡萄球菌素和溶菌酶敏感性试验　取一瓶熔化并冷却至 46～48℃的 MSA 琼脂培养基，加入溶葡萄球菌素至 200μg/mL（已用无菌过滤器过滤除菌）。再取一瓶熔化并冷却至 46～48℃的 MSA 琼脂培养基，加入溶菌酶至 25μg/mL（已用无菌过滤器过滤除菌），分别倒平板约 15mL，冷却凝固后划线接种，每平板接种 6 个分离的菌落，37℃培养，2 天后观察结果。

六、实验结果与报告

1. 描述葡萄糖球菌和微球菌的菌落形态。
2. 画出葡萄糖球菌和微球菌的显微形态图。
3. 葡萄糖球菌和微球菌鉴定结果，填入下表。

项目	葡萄球菌	微球菌
红霉素敏感性		
溶葡萄球菌素敏感性		
溶菌酶敏感性		

七、思考题

平板分离之后，为什么只对 G^+ 菌、H_2O_2 酶（+）无芽孢球菌的菌落进行初步鉴定？

第三部分　食品微生物学综合设计性实验

实验三十七　饮用水的微生物检测

一、实验目的

学习饮用水中细菌总数和大肠杆菌群数测定的原理，并掌握测定方法。

二、实验原理

水是生命之源，也是人体每天摄入量最多的物质，正常成年人每天需饮用2500～4500mL的水。随着生活水平和知识水平的提高，人们对健康的关注程度也越来越大，与此相应的，人们对生活用水的质量也提出越来越高的要求。

水是否符合饮用水的标准，除需对其感官质量、放射性物质、与健康有关的无机成分等进行分析测定外，还必须对微生物进行检测。细菌总数是水体被细菌污染程度的判定指标，细菌总数越多，说明水体受污染的程度越严重。如果水源被粪便污染，则有可能被肠道病原菌污染而引起伤寒、霍乱、大肠杆菌性脑膜炎、痢疾等肠道病的可能性很大。大肠菌群是肠道细菌中最普遍和数量最多的一类细菌，所以常将其作为粪便污染的指示菌。细菌总数和大肠菌群数也是饮用水微生物指标中的两项指标。

本实验应用细菌学指标的检验方法来检测饮用水中的微生物学指标，从而确定饮用水是否符合GB 5749—2006生活饮用水卫生标准的相关要求。我国饮用水标准：1mL自来水中细菌总数不得超过100个；1L自来水中大肠菌群数不得超过3个。

三、实验材料

1. 样品和菌种

瓶装饮用水或生活中的自来水。

2. 培养基

（1）牛肉膏蛋白胨琼脂培养基　牛肉膏3g，蛋白胨10g，NaCl 5g，琼脂15～20g，水1000mL，pH 7.4～7.6。

（2）乳糖胆盐发酵培养基　蛋白胨20g，猪胆盐5g，乳糖10g，溴甲酚紫0.01g，水1000mL，pH 7.4±0.2。

(3) 伊红美蓝固体培养基　蛋白胨 10g，乳糖 10g，磷酸氢二钾 2g，琼脂 20～30g，蒸馏水 1000mL，2%伊红水溶液 20mL，0.5%美蓝水溶液 13mL。

(4) 乳糖发酵培养基　蛋白胨 20.0g，乳糖 10g，溴甲酚紫 0.01g，水 1000mL，pH 7.4±0.2。

3. 试剂

草酸铵结晶紫染色液，碘液，95%乙醇，0.5%番红染色液，香柏油，二甲苯，无菌生理盐水，

4. 仪器与材料

恒温培养箱，超净工作台，立式高压灭菌锅，普通光学显微镜，灭菌的载玻片，盖玻片，酒精灯，火柴，杜氏小管（75mm×10mm），烧杯（300mL），滴管，接种环，擦镜纸，镊子，电炉，吸水纸，洗瓶，计时器。

四、实验流程

1. 细菌总数测定

采样→稀释→培养→计数

2. 大肠菌群检验

稀释→乳糖胆盐发酵→分离培养→复发酵证实实验

五、实验步骤

1. 细菌总数的测定

(1) 采样　瓶装饮用水的取样：用无菌带玻璃塞的广口瓶取瓶装饮用水适量，待检或于 4℃冰箱保存。

自来水的取样方法：先将自来水龙头用酒精棉球擦拭，火焰灼烧灭菌 2min，再开水龙头使水流 5min 后，以灭菌锥形瓶接水样 350mL，以待分析。

(2) 稀释　将 1mL 待测液加入含 9mL 无菌水的试管中，制成 10^{-1} 稀释液，再吸取 1mL 稀释液加入到含 9mL 无菌水的试管中，制成 10^{-2} 稀释液，同法，配制稀释度为 10^{-3}、10^{-4}、10^{-5} 的稀释液。

(3) 培养　选择 10^{-3}、10^{-4} 和 10^{-5} 三个稀释液，分别取 1mL 于平皿内，及时倒入 45℃牛肉膏蛋白胨琼脂培养基约 15mL，摇动混匀，待凝固后将平皿倒置于 (36±1)℃的恒温箱内培养 (24±2)h 后取出，计算平板内菌落总数。

2. 大肠菌群检验

(1) 稀释　将 1mL 待测液加入含 9mL 无菌水的试管中，制成 10^{-1} 稀释液，再吸取 1mL 稀释液加入到含 9mL 无菌水的试管中，制成 10^{-2} 稀释液。

(2) 乳糖胆盐发酵　取饮用水 1、10^{-1}、10^{-2} 稀释液 1mL 注入乳糖胆盐发酵管，每个稀释度接种 3 管，于 (36±1)℃的恒温箱里倒置培养 (24±2)h。饮用水接种量 0.01mL，只有 1 管产气，其原因可能是乳糖胆盐发酵产酸使培养液变黄变混浊，无法辨别杜氏小管中是否有气泡；也可能是 100 倍的稀释已经将产气菌稀释，故不见产气反应。应对该稀释度再次进行胆盐发酵实验，验证其是否产气，如不产气则可确定

为大肠菌群阴性管。

（3）分离培养　将产气的发酵管分别接种于伊红美蓝琼脂平板上，于（36±1）℃恒温箱倒置培养18～24h。观察菌落形态，做革兰氏染色和复发酵证实实验。

（4）复发酵证实实验　在伊红美蓝琼脂平板上挑取：①紫红色，具有金属光泽的菌落；②深红色，不带或略带金属光泽的菌落；③淡红色，中心较深的菌落。具有以上特征的菌落均为可疑大肠菌群菌落，挑取1～2个进行革兰氏染色，同时对应接种到乳糖发酵管内进行复发酵，于（36±1）℃的恒温箱倒置培养（24±2）h，观察产气情况。凡在乳糖发酵管内产气、革兰氏染色为阴性的无芽孢杆菌，即可报告为大肠菌群阳性；如不产气或革兰氏阳性，则可报告大肠菌群阴性。

对分离培养得到的紫红色、具金属光泽的菌落进行革兰氏染色，同时接种到乳糖发酵管内进行复发酵，于（36±1）℃的恒温箱倒置培养（24±2）h，观察产气情况。

六、实验结果与报告

1. 细菌总数实验结果（表37-1）

表37-1　饮用水倾注培养结果

稀释度	10^{-3}	10^{-4}	10^{-5}	备注
1				
2				
3				
平均				

2. 大肠菌群检验

（1）乳糖胆盐发酵（表37-2）

表37-2　饮用水乳糖胆盐发酵

接种量/mL	1号管	2号管	3号管
1			
0.1			
0.01			

（2）分离培养（表37-3）

表37-3　饮用水伊红美蓝固体培养基分离培养

接种量/mL	1号管	2号管	3号管
1			
0.1			
0.01			

（3）复发酵证实实验（表 37-4）

表 37-4　饮用水革兰氏染色及乳糖复发酵结果

接种量/mL	1号管	2号管	3号管
1			
0.1			
0.01			

七、思考题

1. 饮用水微生物检测中取样时应注意什么？
2. 饮用水微生物污染会造成哪些危害？

实验三十八
调研购物超市中微生物发酵食品种类并制备其中的一种——泡菜的制作

一、实验目的

1. 调查了解微生物发酵食品及相关微生物知识。
2. 掌握泡菜的制作工艺。
3. 通过泡菜的制作了解泡菜发酵的基本原理。

二、实验原理

发酵食品是指人们利用有益微生物加工制造的一类食品，具有独特的风味，如酸奶、干酪、酒酿、泡菜、酱油、食醋、豆豉、黄酒、啤酒、葡萄酒等。发酵食品由于含有丰富的蛋白质、维生素、矿物质元素，且具有易于消化吸收的特点，受到广大消费者的喜爱。

泡菜是一种以湿态发酵方式加工制成的浸制品，为泡酸菜类的一种。泡菜制作容易，成本低廉，营养卫生，风味可口，利于贮存。在我国四川、东北、湖南、湖北、河南、广东、广西等地民间均有自制泡菜的习惯。目前较受欢迎的是四川泡菜和韩国泡菜，在许多风味餐馆里，都有其踪影。

泡菜含有乳酸菌、硝酸盐还原菌和其他杂菌。乳酸菌可使蔬菜发酵，能有效控制发酵过程，抑制其他菌类和微生物生长，它保存有大量维生素 C、L-乳酸菌，使泡好的蔬菜中的营养易被人体吸收利用。高浓度盐以及酒可抵制杂菌生长，防止泡菜发霉、变质，所以在泡菜水中要加盐和白酒。一般制作泡菜用的小白菜和萝卜等蔬菜含有丰富的硝酸盐，硝酸盐还原菌可以促进硝酸盐还原为亚硝酸盐。亚硝酸盐含量先是不断升高（6 天左右亚硝酸盐含量就可以达到最高峰），而在 10 天后泡菜中的亚硝酸盐含量开始有明显下降。这是由于随着发酵时间的延长，乳酸细菌也大量繁殖，对硝酸盐还原菌产生一定的抑制作用，影响其生长繁殖，并且乳酸菌可以降解亚硝酸盐，所以造成泡菜中亚硝酸盐的含量后期又有所下降，一般在15～20天内降到安全范围内。

三、实验材料

1. 菌种

乳酸菌 *Lactobacillus acidophilus*。

2. 材料

白菜，圆白菜，黄瓜，柿子椒，胡萝卜，白萝卜等；添加的调味品，如花椒、茴香、八角等；白酒、食糖和食盐。

3. 仪器

砧板，坛子，菜刀等。

四、实验流程

原料选择→预处理→装坛→发酵→成品

五、实验步骤

1. 原料选择

选鲜嫩清脆、肉质肥厚而不易软化的蔬菜，如甘蓝、大白菜、芥菜、豆角、黄瓜、辣椒、萝卜、胡萝卜等，均可用来做泡菜。制作时可以多选用几种蔬菜混合泡制，使产品具有各种蔬菜的色泽、风味。

2. 预处理

将原料清洗干净，除去老叶、粗皮、筋、须根等不适用的部分，按食用习惯切成3～4cm长的小块。

3. 坛子清洗

将泡菜坛洗净，并用热水洗坛内壁两次。

4. 装坛

用3%～5%食盐与整理好的原料拌和，待其软化后装坛，层层压实，使腌菜水淹没原料，或用6%～8%盐水与原料等量装坛，最后用竹条卡紧，防止原料露出液面，液面与坛口要留5～10cm高度，避免发酵初期因大量产气而溢出卤水。水槽注满清水或15%～20%盐水，加盖密封。发酵过程中要注意保持水槽内水的清洁卫生。发酵后期易造成坛内部真空，使坛沿水倒灌入坛内，可通过轻揭坛盖防止坛沿水倒灌。如果希望发酵快些，可将蔬菜在开水中浸1min后入坛，再加上一些白酒。

5. 发酵

根据微生物的活动和乳酸积累的多少，发酵过程一般可分为三个阶段：

（1）初期　蔬菜刚入坛时，表面带入的微生物，主要是以不抗酸的大肠杆菌和酵母菌等较为活跃。异型乳酸发酵为主，伴有微弱的酒精发酵和醋酸发酵，产生乳酸、乙醇、醋酸、CO_2，逐渐形成厌气状态。乳酸累积约为0.3%～0.4%，pH值4.5～4.0，是泡菜的初熟阶段，时间2～5天。

(2) 中期　正型乳酸发酵，兼气状态形成，植物乳酸杆菌活跃。乳酸积累达0.6%～0.8%，pH值3.8～3.5，大肠杆菌、腐败菌等死亡，酵母、霉菌等受抑制，是泡菜完熟阶段，时间5～9天。这一期为完全成熟阶段，泡菜有酸味且清香，品质最好。

(3) 后期　正型乳酸发酵继续进行，乳酸积累可达1.0%以上，当乳酸含量达1.2%以上时，乳酸菌本身也受到抑制。此时的产品不属泡菜，而叫酸菜。

泡菜在发酵中期食用风味最佳，如果在发酵初期取食，成品咸而不酸，在发酵末期取食则过酸。泡菜要及时食用，如一时食用不完，可移至冰箱冷藏。此外，可通过增加食盐或让其继续发酵增加酸度以增强耐藏性。

六、实验结果与报告

1. 调查超市微生物发酵食品，结果填入下表。

项目	1	2	3	4	……
酒					
发酵乳					
发酵蔬菜					
其他					

2. 泡菜发酵期间观察、记录发酵现象，填写下表。

项目	1天	5天	10天	15天	20天
色泽					
气味					

3. 对泡菜产品进行感官评定，写出品尝体会，见下表。

项目	色泽	气味	滋味	脆度	分数	得分
1	与新鲜蔬菜完全一致	具有浓郁乳酸发酵香味,清香纯正,无异味	酸味适中纯正,无杂味,口感佳	软硬适中,脆嫩细	100	
2	与新鲜蔬菜基本一致	具有较浓郁乳酸发酵香味,无异味	酸味适中,无杂味,口感尚可	软硬较适中,脆度较一般	80	
3	与新鲜蔬菜略有变化	乳酸发酵香味较淡,无异味	酸味过酸或过淡,口感一般	泡菜组织较硬或较软,脆度较一般	60	

续表

项目	色泽	气味	滋味	脆度	分数	得分
4	与新鲜蔬菜变化明显	略有乳酸发酵香味，掺杂异味	酸味过酸或过淡，掺杂苦味等杂味	泡菜组织过硬或过软，无脆性	40	
5	与新鲜蔬菜变化太大	无发酵香味，异味令人难以接受	酸味过酸或过淡，杂味较浓难以接受	泡菜组织过硬或软绵，失去组织性	20	

七、思考题

1. 加入白酒有什么作用？
2. 什么是正型乳酸发酵和异型乳酸发酵？二者的异同点有哪些？
3. 用水封闭坛口起什么作用？不封闭有什么结果？

实验三十九　产脂肪酶菌株的分离及选育

一、实验目的

1. 学习从土壤中分离产脂肪酶的微生物的方法和技术。
2. 掌握脂肪酶产生菌的生物学特征和生理生化特性。

二、实验原理

脂肪酶是一类特殊酯键水解酶，产脂肪酶的微生物分布广泛，主要以各类真菌为主。在富含油脂的地方进行采样，利用稀释平板分离法筛选产脂肪酶菌株。脂肪酶作用于橄榄油乳化液，催化酯键水解，生成脂肪酸，用标准氢氧化钠滴定脂肪酸，利用酚酞滴定终点，记录消耗的氢氧化钠体积，根据氢氧化钠的用量来计算脂肪酶的活力。

三、实验材料

1. 试剂

磷酸二氢钾，氢氧化钠，乙酸铜，吡啶，苯，油酸，橄榄油，脂肪酶，水，盐酸。

橄榄油乳化液：取4%聚乙烯醇和橄榄油按3∶1的比例混合均匀，于10000r/min乳化3min，暂停5min，继续乳化3min。

2. 培养基

(1) 种子培养基　蛋白胨20g，酵母浸粉10g，葡萄糖20g，用蒸馏水定容至1000mL，pH值自然，115℃灭菌20min。

(2) 保存培养基　蛋白胨 20g，酵母浸出粉 10g，葡萄糖 20g，琼脂粉 15g，用蒸馏水定容至 1000mL，115℃灭菌 20min，冷却到不烫手时，倒平板或斜面。

(3) 分离培养基　蛋白胨 5g，牛肉膏 5g，氯化钠 5g，$(NH_4)_2SO_4$ 0.5g，$K_2HPO_4 \cdot 3H_2O$ 2g，橄榄油乳化液 40mL，罗丹明 B 0.5g，琼脂 15g，用蒸馏水定容至 1000mL，121℃灭菌 15min。

(4) 发酵培养基　豆饼粉 20g，玉米干粉 20g，NH_4Cl 20g，$K_2HPO_4 \cdot 3H_2O$ 2g，$MgSO_4$ 0.5g，NaCl 0.5g，金龙鱼大豆油 10mL，用蒸馏水定容至 1000mL，121℃灭菌 15min。

种子液：无菌条件下，接一满环菌于装有 50mL 种子培养基的 250mL 锥形瓶中，30℃培养 12h。

3. 仪器与材料

磁力搅拌器，超级恒温槽，紫外分光光度计，普通光学显微镜，灭菌的载玻片，盖玻片，酒精灯，火柴，小试管（75mm×10mm），烧杯（300mL），滴管，接种环，擦镜纸，镊子，电炉，吸水纸，洗瓶，计时器，酸度计，离心沉淀器，分析天平等。

四、实验流程

土样处理→菌株初筛→菌株复筛→形态观察→脂肪酶活力测定→脂肪酶高产菌株的选育

五、实验步骤

1. 产脂肪酶菌株的分离

(1) 土样预处理　分别称取 10g 土样于 100mL 无菌水中混匀，取上清液依次稀释至 10^{-1}、10^{-2}、10^{-3}、10^{-4}、10^{-5}、10^{-6}。

(2) 菌株的初筛　每个稀释梯度取 150μL 涂布于初筛平板，每个梯度涂布 3 个平板，30℃培养 48h，挑取有透明圈的菌落在分离平板培养基上划线，分离至单一菌落。

(3) 菌株的复筛　挑取含有透明圈的脂肪酶产生菌株于发酵培养基中，在 30℃，110r/min 培养 48h，发酵液 8000r/min 离心 5min，取上清液，检测酶活力。

(4) 菌株的形态观察及菌株鉴定　观察菌落形态，用显微镜观察细菌细胞形态。

2. 脂肪酶活力测定

(1) 脂肪酶溶液的配制　用分析天平称取一定量的酶置于研钵中，加入少许水研磨成糊状，再加一定量 50mmol/L 磷酸盐缓冲液（pH=7.0）溶解，离心后取上清液贮存于 4℃以下的冰箱中备用。本实验选用的浓度均为 1mg/mL。

(2) 显色剂的配制　配制 5%醋酸铜溶液，用吡啶调节至 pH 6.1，即得脂肪酸显色剂。

(3) 脂肪酸吸光度工作曲线的制定　配制一系列不同浓度的油酸/苯溶液，分别取 4mL 于锥形瓶中，加 1mL 显色剂，磁力搅拌 3min，油酸分子与 Cu^{2+} 生成绿色的络合物，离心后取上层有机相在 710nm 下测定吸光度。用未加油酸的空白溶液作对照。以吸光度对油酸浓度作图，得脂肪酸吸光度工作曲线。

（4）脂肪酶活力测定　用胶管将反应器与恒温槽连接，并调节恒温槽温度至37℃。取3mL 50mmol/L磷酸盐缓冲液（pH=7.0）和1mL橄榄油于反应器中，预热5min。然后用微量进样器注入0.1mL酶溶液，磁力搅拌10min，立即加8mL苯，继续搅拌2min，终止反应，同时萃取生成的脂肪酸。将溶液转移至离心试管中，在4000r/min下离心10min，有机相和水相分层澄清。

取上层有机相4mL于小锥形瓶中，加1mL显色剂在磁力搅拌器上搅拌3min，产生的脂肪酸与Cu^{2+}生成绿色络合物。取上层含有脂肪酸铜的苯溶液，用分光光度计在710nm波长下测其吸光度。以同法制备但不含脂肪酶的空白溶液为参比，对照脂肪酸吸光度工作曲线，即可求得脂肪酸的浓度。

由脂肪酶活力定义得活力计算公式：

$$脂肪酶的活力(U/mL)=\frac{CV}{TV'}$$

式中　C——脂肪酸的浓度，μmol/mL；

V——脂肪酸/苯溶液的体积，mL；

T——作用时间，min；

V'——酶液的用量，mL。

3. 脂肪酶高产菌株的选育（紫外-光复活诱变方法）

（1）菌悬液制备　取处于对数生长期的发酵液20mL，4000r/min离心5min，菌体沉淀用无菌生理盐水洗涤3次，再用无菌生理盐水重悬，细胞浓度控制在约10^8个/mL。

（2）紫外线诱变处理　取10mL菌悬液转入直径90mm的培养皿中，置20W的紫外灯下20cm处，分别照射30s、40s、50s、60s，分别取未照射的空白液和照射不同时间段的菌液150μL涂布于分离平板，每个梯度涂平行板3个，用锡箔纸包好放置于培养箱中，30℃倒置培养48h，计算致死率（诱变后未存活的总细胞数与未诱变处理存活的总细胞数的百分比）和正突变率（脂肪酶产量高于出发菌株产量的数量与诱变后存活的细胞数目的百分比）。通过最高的正突变率选出最佳的紫外照射时间。

（3）存活率　取第一次最佳紫外照射时间下的菌液于20W的白炽灯下分别照射0s、5s、10s、15s、20s、25s、30s。以未经照射的菌液为空白，再涂平板检测存活率（诱变后存活的总细胞数与未诱变存活的总细胞数的百分比）和存在最高正突变率时的复活时间。

（4）照射时间确定　取最佳紫外诱变和光复活时间下的菌液，再用紫外照射0s、5s、10s、15s、20s、25s、30s。以未经照射的菌液为空白，计算致死率和正突变率，找出此次最佳的照射时间。

（5）重复次数　重复以上照射步骤1～5次，分别检测致死率和正突变率，确定最佳的重复次数。

（6）稳定性　在上述最佳条件下，对菌株进行诱变筛选，挑选出最高产量的菌株并进行遗传10代稳定性检测。

六、实验结果与报告

1. 产脂肪酶菌株的分离

序号	菌株编号	脂肪酶活力	备注
1			
2			
3			
4			
…			

2. 产脂肪酶菌株的初步鉴定

(1) 菌落形态

(2) 显微形态观察

3. 紫外-光复活诱变剂量的确定

序号	紫外线照射时间/s	正突变率/%			平均值
1		重复1	重复2	重复3	
2					
3					
4					
…					

4. 诱变后菌株脂肪酶含量的测定

序号	菌株编号	脂肪酶含量	备注
1			
2			
3			
4			
…			

七、思考题

研究脂肪酶产生菌有什么生活、生产应用价值?

实验四十　微生物饮料的生产与质量控制技术

一、实验目的

1. 学习微生物饮料的生产工艺和方法。

2. 了解微生物饮料生产过程中的主要质量控制技术。

二、实验原理

微生物饮料是指含有优异微生物的液体饮料或固体饮料，益生菌发酵乳就是其中一种。益生菌是指改善宿主微生态平衡而发挥有益作用，达到提高宿主健康水平和健康状态的活菌制剂及其代谢产物。目前世界上研究的功能最强大的产品主要是以上各类微生物组成的复合活性益生菌。益生菌系一类对动物有益的细菌，它们可直接作为食品添加剂服用，以维持肠道菌群的平衡。在国外已开发出数以百计的益生菌保健产品，其中包括：含益生菌的酸牛奶、酸乳酪、酸豆奶以及含多种益生菌的口服液、片剂、胶囊、粉末剂等等。

益生菌的作用可以概括为以下几个方面：①防治腹泻；②缓解不耐乳糖症状；③预防阴道感染；④增强人体免疫力；⑤缓解过敏作用；⑥降低血清胆固醇；⑦预防癌症和抑制肿瘤生长。

三、实验材料

1. 菌种

保加利亚乳杆菌 *Lactobacillus delbrueckii* subsp. *Bulgaricu*，嗜热链球菌 *Streptococcus thermophilus*，长双歧杆菌 *Bifidobacterium longum*，嗜热乳杆菌 *Thermophilic lactobacilli*。

2. 原料

生鲜牛乳，牛乳乳粉，蔗糖，乳化稳定剂，香料，阿斯巴甜，低聚糖，复合稳定剂，安赛蜜，柠檬酸-苹果酸（1∶1）适量（调至 pH 5.0），柠檬酸钠，香精。

3. 仪器和器材

恒温生化培养箱，恒温水浴锅，天平，均质器，热塑封口包装机，凯氏定氮仪，阿贝折光仪，碱式滴定管，量筒，烧杯，玻璃棒等。

四、实验流程

原材料→标准化→均质→巴氏杀菌（90～95℃，5～10min）→冷却（45℃）→加入牛初乳粉（加热 90℃，10min）→冷却（45℃）→接种（45℃）→发酵（40℃，5h）→胶磨→调香调酸→凝乳→包装→冷藏（4℃）→后熟→成品

五、实验步骤

1. 生产工艺要点

(1) 原料乳的质量要求　用于制作发酵剂的乳和生产发酵乳的原料乳必须是高质量的，要求酸度在18°T以下，杂菌数不高于5×10^5CFU/mL，乳中全乳固体不得低于11.5%。

(2) 发酵乳生产中的辅料

① 脱脂牛乳乳粉　用作发酵乳的脱脂乳粉要求质量高、无抗生素和防腐剂。脱脂乳粉可提高干物质含量，改善产品组织结构，促进产酸，一般添加量为1%～1.5%。

② 乳化稳定剂　稳定剂的添加，有利于保持乳的均匀一致性，其添加量应控制在该范围0.1%～0.5%。

③ 配料　软化水、乳化稳定剂、蔗糖、蛋白糖等辅料溶化后，必须经杀菌处理(95℃，10min)，冷却后才能加入到发酵乳中。冷却温度不能过低，否则影响胶磨和均质质量；也不能过高，否则将杀死菌群，一般选择冷却温度为52℃。

(3) 菌种的选择　一般情况下，益生菌发酵乳口感和风味很差，消费者难以接受。因此，在选择菌种时，常选择保加利亚乳杆菌和嗜热链球菌与益生菌相配合，以改善风味。

(4) 均质　均质处理可使原料充分混匀，有利于提高乳酸菌的稳定性和稠度，使发酵乳质地细腻，口感良好。均质所采用的压力一般为20～25MPa。

(5) 杀菌　杀灭原料乳中的杂菌，确保乳酸菌的正常生长和繁殖，钝化原料乳中对发酵菌有抑制作用的天然抑制物，使牛乳中的乳清蛋白变性，以达到改善组织状态、提高黏稠度和防止成品乳清析出的目的。杀菌条件一般为90～95℃、5min。

(6) 接种　杀菌后，应迅速降温到45℃左右，以便接种发酵剂。接种量根据菌种活力、发酵方法、生产时间的安排和混合菌种配比而定。加入发酵剂应事先在无菌操作条件下搅拌成均匀细腻的状态，不应有大凝块，以免影响成品质量。

(7) 发酵　益生菌用作单一发酵剂时，酸化作用较慢，所以需要采用其他方式抑制杂菌的生长。可以采用的方法有：利用能刺激生长的低聚糖加快酸化作用；提高发酵剂中的菌数，或者选择能促进彼此生长的益生菌株。这些方法可单独使用，也可联合使用。

由于益生菌在牛奶中生长能力较差，为此，必须利用二次发酵法，即开始用益生菌在40℃条件下发酵5h，然后再用保加利亚乳杆菌和嗜热链球菌发酵(1∶1)，使益生菌在乳中成为优势菌群。由于益生菌是一类厌氧菌群，因此发酵时发酵液不要搅动，以免空气混入，影响发酵。后发酵时间在12h以上。

(8) 调香调酸　酸液必须稀释至浓度为10%左右，然后经杀菌处理(95℃，10min)冷却至常温后再调酸。调酸要慢，搅拌速度不宜过快，一般为150r/min。不能全部用柠檬酸调酸，因为柠檬酸对益生菌有抑制作用，而苹果酸则影响很小，但苹果酸口感不如柠檬酸，因此我们选择其配比为1∶1。

(9) 包装贮运　由于其产品处于活菌状态，常温保藏，益生菌的死亡率将为95%以上，因此必须冷链贮藏运输，贮藏温度为4℃。

目前，国内的益生菌产品一般采用塑料瓶包装，这是不科学的，因为塑料瓶不隔氧，易造成益生菌死亡。因此，建议采用玻璃瓶包装或具有隔氧功能的容器包装。

2. 质量控制

(1) 产品的感官要求

项目	要　求
色泽	呈均匀一致的乳白色，稍带微黄色，或相应的过黄色色泽
滋味和气味	口感细腻，酸甜适中，具有发酵乳饮料应有的滋味和气味，无异味
组织状态	呈乳浊状，均匀一致不分层

(2) 理化指标　蛋白质含量大于0.7%，酸度25～80°T，可溶性固形物大于等于10%。

① 蛋白质含量测定　采用凯氏定氮法测定。

② 总酸——碱滴定法　参考GB 5413.34—2010。

a. 测定　吸取10.0mL样品于100mL容量瓶中，加水至刻度，混匀。吸取20.0mL，置于200mL烧杯中，加60mL水，开动磁力搅拌器，用0.05mol/L NaOH调节至pH 8.2。同时，做试剂空白试验。

b. 计算

$$X=\frac{(V_1-V_2)\times c\times 0.060}{V\times 20/100}\times 100$$

式中　X——试样中总酸的含量（以乙酸计），g/100mL；

V_1——测定用试样稀释液消耗NaOH标准液的体积，mL；

V_2——试剂空白消耗NaOH标准溶液的体积，mL；

c——NaOH标准溶液的浓度，mol/L；

V——试样体积，mL；

0.060——与1.0mL NaOH标准溶液［c(NaOH)＝1.000mol/L］相当的乙酸的质量，g/mmol。

c. 结果表述　报告算术平均值保留三位有效数字。在重复性条件下获得的两次独立测定结果的绝对差值不得超过算术平均值的10%。

③ 可溶性固形物　阿贝折光仪，参考GB/T 12143.1—2008。

(3) 卫生指标　铅含量不大于1.0mg/kg，砷含量不大于0.5mg/kg，铜含量不大于5.0mg/kg。检测方法参见《中华人民共和国药典》(2010年版)一部。

(4) 微生物指标　参考GB 4789—2010。

① 活菌性益生菌饮料　益生菌数不小于10^6个/mL，大肠菌群不大于3个/100mL，致病菌不得检出，酵母菌不大于50个/mL，霉菌不大于50个/mL。

② 非活菌性益生菌饮料　益生活菌数为零，细菌总数不大于100个/mL，大

肠菌群不大于 3 个/mL，致病菌不得检出，酵母菌不大于 50 个/mL，霉菌不大于 50 个/mL。

六、实验结果与报告

1. 益生菌发酵乳理化指标

序号	检测项目	检测结果	单位
1	蛋白质含量		%
2	可溶性固形物		%
3	酸度(DT)		°T

2. 卫生指标检测

序号	检测项目	检测结果/(mg/kg)	参考值/(mg/kg)
1	铅		≤1.0
2	砷		≤0.5
3	铜		≤5.0

3. 益生菌发酵乳微生物指标

(1) 活菌性益生菌发酵乳微生物指标

序号	检测项目	检测结果/(CFU/mL)	参考值/(CFU/mL)
1	乳酸菌		1×10^6
2	大肠菌群		2
3	金黄色葡萄球菌		0
4	沙门氏菌		0
5	酵母		100
6	霉菌		30

(2) 非活菌性益生菌发酵乳微生物指标

序号	检测项目	检测结果/(CFU/mL)	参考值/(CFU/mL)
1	细菌总数		100
2	大肠菌群		2
3	金黄色葡萄球菌		0
4	沙门氏菌		0
5	酵母		100
6	霉菌		30

七、思考题

1. 微生物饮料的益处有哪些？
2. 微生物饮料生产工艺的关键控制点有哪些？

实验四十一　利用微生物进行食品保鲜

一、实验目的

1. 了解微生物保鲜的原理。
2. 掌握使用微生物进行食品保鲜的技术和方法。

二、实验原理

食品在加工、运输、贮藏等过程中极易受细菌、霉菌、酵母菌等微生物的侵染而发生腐败。全球每年因肉类、水产品、果蔬等食品的腐烂变质而引起的经济损失十分巨大。传统的物理（如低温、高温处理，辐射技术，气调等）和化学保鲜法在抑制腐败菌的入侵上有良好效果。但物理法贮藏成本高，操作技术难，有时仍无法避免一些特殊菌群的侵染。另外，对辐射等技术的应用还要考虑消费者心理承受能力等。而化学法是用无机、有机或人工合成的药剂抑制微生物的生长，因其易对人类健康和生态环境造成破坏而不受欢迎。随着对食品安全和环保意识的不断增强，人们开始寻求一种低成本、无毒无害的保鲜方式。

近年来发展起来的生物保鲜已引起广泛的关注，其来源有植物型防腐剂（如中草药、香辛料提取物）、动物型防腐剂（如蜂胶、壳聚糖等）以及微生物防腐剂。

微生物保鲜就是利用自然或人工控制的微生物菌群和（或）它们产生的抗菌物质来延长食品的货架期和提高食品安全性，包括：①添加繁殖快和（或）产生抗菌物质的菌株；②添加纯化的抗菌物质；③添加发酵液；④添加嗜温乳酸菌作为安全的温度保护剂。其机理主要有：①形成生物膜，减少水分蒸发，防止微生物污染，减少微生物腐败作用；②通过竞争作用排斥病原菌的生长，具有很强的抑菌效果；③通过拮抗作用抑制或杀死食品中的有害微生物，从而达到防腐、保鲜目的。

三、实验材料

1. 菌种和样品

啤酒酵母 *Saccharomyces cerevisiae*。

新鲜草莓。

2. 试剂

麦芽汁，琼脂，麦芽膏粉，0.1% 2,6-二氯酚靛酚，维生素 C 标准品，1%草酸，$NaHCO_3$。

3. 麦芽汁培养基

麦芽汁 70mL，pH 值自然（约 6.4），灭菌 0.1MPa，20min。

4. 仪器和材料

振荡培养箱，恒温生化培养箱，阿贝折光仪，灭菌锅，超净工作台，电子天平，试管，锥形瓶，研钵，容量瓶（100mL），量筒，移液管，微量滴定管，漏斗。

四、实验流程

菌液的配制→样品选择→样品处理→感官评价→营养成分分析

五、实验步骤

1. 菌液配制

将啤酒酵母接种于液体麦芽汁培养基中，在 30℃条件下进行扩大培养，得到 1×10^9 个/mL 活菌的菌液，以此菌液作为原液，分别稀释至 5 倍、10 倍、50 倍、100 倍（用无菌生理盐水稀释），备用。

2. 样品选择

选择八成熟、果实色泽正常、无病虫、无机械伤、大小均匀的草莓作为供试样品。

3. 样品处理

将草莓分成 2 组，每组进行 6 种处理（处理方法为菌液浸泡 2min），即对照、原菌液处理、5 倍、10 倍、50 倍、100 倍稀释液处理，每种处理重复 3 次，将处理后的 2 组草莓分别置于常温（20℃）和 4℃环境中贮藏，相对湿度均为 85%。

4. 果实的感官评价

选择感官正常的 30 人为评价人员，做样品感官评价。

5. 营养成分分析

(1) 维生素 C 测定——2,6-二氯酚靛酚法

① 维生素 C 的提取　称取 1.0g 新鲜样品（已称好），置研钵中，分次加 20mL 1%草酸，研成匀浆（用 1%的草酸定容 20mL）。通过纱布过滤，取 10mL 放于离心机中 3000r/min 离心 10min，吸取上清使用。

② 维生素 C 的测定　吸取滤液 10mL，放入 50mL 锥形瓶中，立即用 0.1% 2,6-二氯酚靛酚溶液滴定至出现明显的粉红色在 15s 内不消失为止。记录所用滴定液体积（另取 10mL 1%草酸作空白对照）。

③ 标准液的标定　取 1mg/mL 抗坏血酸溶液 1mL 置于锥形瓶中，加 9mL 1%草酸，用 0.1% 2,6-二氯酚靛酚滴定至淡红色 15s 不消失。计算出 1mL 染料相当于多少毫克抗坏血酸（取 10mL 1%草酸作空白对照）。

④ 含量计算

$$维生素\ C(mg/g)=\frac{(V_1-V_2)VA}{V_3M}$$

式中　V_1——样品消耗染料体积，mL；

V_2——空白消耗染料体积，mL；

V——取定容后的体积，mL；

A——1mL 染料能氧化抗坏血酸的质量，mg/mL；

V_3——滴定用的样品体积，mL；

M——水果质量，g。

（2）总酸——碱滴定法　参考 GB 5413.34—2010 乳和乳制品酸度的测定。

① 测定　吸取 10.0mL 样品于 100mL 容量瓶中，加水定容，混匀，吸取 20.0mL 置于 200mL 烧杯中，加 60mL 水，开动磁力搅拌器，用 0.05mol/L NaOH 标准溶液滴定至酸度计指示 pH 8.2。同时，做试剂空白试验。

② 计算

$$X=\frac{(V_1-V_2)\times c\times 0.060}{V\times 20/100}\times 100$$

式中　X——试样中总酸的含量（以乙酸计），g/100mL；

V_1——测定用试样稀释液消耗 NaOH 标准液的体积，mL；

V_2——试剂空白消耗 NaOH 标准溶液的体积，mL；

c——NaOH 标准溶液的浓度，mol/L；

V——试样体积，mL；

0.060——与 1.0mL NaOH 标准溶液［c(NaOH)＝1.000mol/L］相当的乙酸的质量，g/mmol。

③ 结果表述　报告算术平均值保留三位有效数字。在重复性条件下获得的两次独立测定结果的绝对差值不得超过算术平均值的 10%。

（3）可溶性固形物——阿贝折光仪

① 校正　在开始检测前，必须先用水校正仪器零点。在折射棱镜的抛光面上滴加 1 滴水，关紧两块棱镜，观察视野内明暗分界线是否在十字线的中央，若有偏差则用螺丝刀微量旋转微调螺钉，带动物镜偏摆，使分界线像位移至十字线中央。通过反复观察与校正，使示值的起始误差降至最小。校正完毕后开始准备检测。

② 测定　取均匀试样 1 滴，滴在棱镜上（滴管不要触及镜面），关紧两块棱镜，扭动阿米西棱镜手轮和棱镜转动手轮，使视野分成清晰可见的两个明暗部分，其分界线恰好在十字交叉的焦点上，记下标尺读数，记录测试时的温度。

测定可溶性固形物在两次以上，计算测定结果的算数平均值，作为测定结果。

每次样品测定结束后，用水润湿棉花球擦净棱镜表面。

（4）失重——重量法

$$失重(\%)=\frac{M_1-M_2}{M_1}\times 100\%$$

式中　M_1——失重前质量，g；

M_2——失重后质量，g。

六、实验结果与报告

1. 感官品质评价

（1）冷藏 12 天后，感官品质评价

处　理	硬度	色泽	香气	腐烂度/%
对照				
原菌液				
5 倍菌液稀释液				
10 倍菌液稀释液				
50 倍菌液稀释液				
100 倍菌液稀释液				

（2）常温贮藏 5 天后，感官品质评价

处理	硬度	色泽	香气	腐烂度/%
对照				
原菌液				
5 倍				
10 倍				
50 倍				
100 倍				

2. 营养成分分析

（1）冷藏后草莓营养成分的变化

处理	维生素 C/(mg/100g)		可溶性固形物/%		失重/%		总酸/%	
	0 天	12 天	0 天	12 天	0 天	12 天	0 天	12 天
对照								
原液								
5 倍								
10 倍								
50 倍								
100 倍								

（2）室温贮藏 5 天后，草莓营养成分的变化

处理	维生素 C/(mg/100g)		可溶性固形物/%		失重/%		总酸/%	
	0 天	5 天	0 天	5 天	0 天	5 天	0 天	5 天
对照								
原液								
5 倍								
10 倍								
50 倍								
100 倍								

七、思考题

1. 微生物保鲜的原理是什么？在食品行业中有哪些应用？
2. 微生物保鲜剂有哪些剂型？这些剂型各有哪些应用？

附　　录

一、若干微生物的学名

序号	微生物学名	微生物中文名称
1	*Acetobacter*	醋杆菌属
2	*Acinetobacter*	不动杆菌属
3	*Actinomyces israelii*	衣氏放线菌
4	*Anabaena*	鱼腥蓝细菌属
5	*Arthrobacter*	节杆菌属
6	*Aspergillus flavus*	黄曲霉
7	*A.fumigatus*	烟曲霉
8	*A.niger*	黑曲霉
9	*A.oryzae*	米曲霉
10	*A.tamarii*	溜曲霉
11	*Azomonas*	氮单胞菌属
12	*Azotobacter*	固氮菌属
13	*Bacillus anthracis*	炭疽芽孢杆菌
14	*B.brevis*	短芽孢杆菌
15	*B.cereus*	蜡状芽孢杆菌
16	*B.coagulans*	凝结芽孢杆菌
17	*B.licheniformis*	地衣芽孢杆菌
18	*B.megaterium*	巨大芽孢杆菌
19	*B.polymyxa*	多黏芽孢杆菌
20	*B.sphaericus*	球形芽孢杆菌
21	*B.stearothermophilus*	嗜热脂肪芽孢杆菌
22	*B.subtilis*	枯草芽孢杆菌
23	*B.thuringiensis*	苏云金芽孢杆菌
24	*Bacteroides fragilis*	脆弱拟杆菌
25	*Bdellovibrio*	蛭弧菌属
26	*Beggiatoa*	贝日阿托氏菌属
27	*Bifidobacterium globosum*	浑圆双歧杆菌
28	*Blastomyces dermatitidis*	皮炎芽酵母
29	*Bordetella parapertussis*	副百日咳博德特氏菌
30	*B.pertussis*	百日咳博德特氏菌
31	*Borrelia recurrentis*	回归热疏螺旋体

续表

序号	微生物学名	微生物中文名称
32	*Brucella abortus*	流产布鲁氏菌
33	*Campylobacter fetus*	胚胎弯曲杆菌
34	*C.jujuni*	空肠弯曲杆菌
35	*Candida albicans*	白假丝酵母
36	*C.utilis*	产朊假丝酵母
37	*Cephalosporium*	头孢(霉)属
38	*Chlamydia psittaci*	鹦鹉热衣原体
39	*C.trachomatis*	沙眼衣原体
40	*Chlamydomonas*	衣藻属
41	*Chlorobium*	绿菌属
42	*Chromatium vinosum*	酒色着色菌
43	*Chrobacter*	柠檬酸杆菌属
44	*Claviceps purpurea*	紫麦角菌
45	*Clostidium acetobutylicum*	丙酮丁醇梭菌
46	*C.botulinum*	肉毒梭菌
47	*C.butyricum*	丁酸梭菌
48	*C.pasteurianum*	巴氏梭菌
49	*C.perfringens*	产气荚膜梭菌
50	*C.sporogenes*	生孢梭菌
51	*C.tetani*	破伤风梭菌
52	*C.thermosaccharolyticum*	热解糖梭菌
53	*Corynebacterium diphtheriae*	白喉棒杆菌
54	*C.glutamicum*	谷氨酸棒杆菌
55	*Coxiella burnetii*	伯氏考克斯氏体
56	*Cristispira*	脊螺旋体属
57	*Cryptococcus neoformans*	新型隐球酵母
58	*Desulfotomaculum*	脱硫肠状菌属
59	*Desulfovibrio*	脱硫弧菌属
60	*Enterobacter aerogenes*	产气肠杆菌
61	*E.cloacae*	阴沟肠杆菌
62	*Epidermophyton*	癣菌属
63	*Escherichia coli*	大肠埃希氏菌
64	*Euglena*	裸藻属
65	*Frankia*	弗兰克氏菌属
66	*Fusobacterium*	梭杆菌属
67	*Gluconobacter*	葡糖杆菌属
68	*Halobacterium halobium*	盐生盐杆菌
69	*Halococcus*	盐球菌属
70	*Haemophilus influenzae*	流感嗜血菌

续表

序号	微生物学名	微生物中文名称
71	*H.parainfluenzae*	副流感嗜血菌
72	*Histoplasma capsulatum*	荚膜组织胞浆菌
73	*Klebsiella pneumoniae*	肺炎克雷伯氏菌
74	*Lactobacillus acidophilus*	嗜酸乳杆菌
75	*L.bulgaricus*	保加利亚乳杆菌
76	*Legionella pneumophila*	嗜肺军团菌
77	*Leptospira biflexa*	双曲钩端螺旋体
78	*L.interrogans*	问号钩端螺旋体
79	*Leuconostoc mesenteroides*	肠膜明串珠菌
80	*Listeria monocytogenes*	单核细胞增生李斯特氏菌
81	*Methanobacterium*	甲烷杆菌属
82	*Methylophilus methylotrophus*	甲基营养嗜甲基菌
83	*Micrococcus luteus*	藤黄微球菌
84	*Micromonospora purpureae*	绛红小单孢菌
85	*Mycobacterium bovis*	牛分枝杆菌
86	*M.leprae*	麻风分枝杆菌
87	*M.tuberculosis*	结核分枝杆菌
88	*Mycoplasma pneumoniae*	肺炎支原体
89	*Neisseria gonorrhoeae*	淋病奈瑟氏球菌
90	*N.meningitidis*	脑膜炎奈瑟氏球菌
91	*Neurospora crassa*	粗糙脉孢菌
92	*Nitrobacter*	硝化杆菌属
93	*Nitrosomonas*	亚硝化单胞菌属
94	*Nocardia asteroides*	星状诺卡氏菌
95	*Paracoccus denitrificans*	脱氮副球菌
96	*Paramecium*	草履虫属
97	*Pediococcus*	片球菌属
98	*Penicillium chrysogenum*	产黄青霉
99	*P.griseofulvum*	灰棕黄青霉
100	*P.notatum*	特异青霉
101	*Phytophthora infestans*	致病疫霉
102	*Propionibacterium acnes*	疮疱丙酸杆菌
103	*Proteus mirabilis*	奇异变形杆菌
104	*P.vulgaris*	普通变形杆菌
105	*Pseudomonas aeruginosa*	铜绿假单胞菌
106	*P.cepacia*	洋葱假单胞菌
107	*P.diminuta*	缺陷假单胞菌
108	*Rhizobium japonicum*	大豆根瘤菌
109	*Rhizopus arrhizus*	少根根霉

续表

序号	微生物学名	微生物中文名称
110	*R.nigricans*	黑根霉
111	*Rhodomicrobium vannielii*	万尼氏红微菌
112	*Rhodospirillum*	红螺菌属
113	*Rickettsia prowazekii*	普氏立克次氏体
114	*R.rickettsii*	立氏立克次氏体
115	*R.tsutsugamushi*	恙虫热立克次氏体
116	*R.typhi*	斑疹伤寒立克次氏体
117	*Saccharomyces carlsbergensis*	卡尔酵母
118	*S.cerevisiae*	酿酒酵母
119	*S.ellipsoideus*	椭圆酵母
120	*Salmonella typhi*	伤寒沙门氏菌
121	*S.typhimurium*	鼠伤寒沙门氏菌
122	*Sarcina ventriculi*	胃八叠球菌
123	*Serratia marcescens*	黏质沙雷氏菌
124	*Shigella dysenteriae*	痢疾志贺氏菌
125	*S.flexneri*	弗氏志贺氏菌
126	*S.sonnei*	宋氏志贺氏菌
127	*Sphaerotilus natans*	漂浮球衣菌
128	*Sirillum volutans*	迂回螺菌
129	*Spirulina*	螺旋蓝细菌属
130	*Sporolacto bacillus*	芽孢乳杆菌属
131	*Sporosarcina ures*	脲芽孢八叠球菌
132	*Staphylococcus aureus*	金黄色葡萄球菌
133	*Streptobacillus*	链杆菌属
134	*Streptococcus faecalis*	粪链球菌
135	*S.lactis*	乳链球菌
136	*S.mutans*	变异链球菌
137	*S.pneumoniae*	肺炎链球菌
138	*S.pyogenes*	酿脓链球菌
139	*S.salivarius*	唾液链球菌
140	*Streptomyces aureofaciens*	金霉素链霉菌
141	*S.erythreus*	红霉素链霉菌
142	*S.fradiae*	弗氏链霉菌
143	*S.griseus*	灰色链霉菌
144	*S.kanamyceticus*	卡那霉素链霉菌
145	*S.rimosus*	龟裂链霉菌
146	*S.venezuelae*	委内瑞拉链霉菌
147	*Sulfolobus*	硫化叶菌属
148	*Thiobacillus ferrooxidans*	氧化亚铁硫杆菌

续表

序号	微生物学名	微生物中文名称
149	*T.thiooxidans*	氧化硫硫杆菌
150	*Treponema pallidum*	苍白密螺旋体
151	*Ureaplasma urealyticum*	解脲尿原体
152	*Veillonella*	韦荣氏球菌属
153	*Vibrio cholerae*	霍乱弧菌
154	*V.fisheri*	费氏弧菌
155	*Yersinia pestis*	鼠疫耶尔森氏菌
156	*Zoogloea*	动胶菌属
157	*Zymomonas*	发酵单胞菌属

二、酸碱指示剂的配制

1. 乙氧基黄吡精指示液

取乙氧基黄吡精 0.1g，加乙醇 100mL 使溶解，即得。变色范围 pH3.5～5.5（红→黄）。

2. 儿茶酚紫指示液

取儿茶酚紫 0.1g，加水 100mL 使溶解，即得。变色范围 pH6.0～7.0～9.0（黄→紫→紫红）。

3. 中性红指示液

取中性红 0.5g，加水使溶解成 100mL，滤过，即得。变色范围 pH6.8～8.0（红→黄）。

4. 孔雀绿指示液

取孔雀绿 0.3g，加冰醋酸 100mL 使溶解，即得。变色范围 pH0.0～2.0（黄→绿）；11.0～13.5（绿→无色）。

5. 石蕊指示液

取石蕊粉末 10g，加乙醇 40mL，回流煮沸 1h，静置，倾去上层清液，再用同一方法处理 2 次。每次用乙醇 30mL，残渣用水 10mL 洗涤，倾去洗液，再加水 50mL 煮沸，放冷，滤过，即得。变色范围 pH4.5～8.0（红→蓝）。

6. 甲基红指示液

取甲基红 0.1g，加 0.05mol/L 氢氧化钠溶液 7.4mL 使溶解，再加水稀释至 200mL，即得。变色范围 pH4.2～6.3（红→黄）。

7. 甲基橙指示液

取甲基橙 0.1g，加水 100mL 使溶解，即得。变色范围 pH3.2～4.4（红→黄）。

8. 甲酚红指示液

取甲酚红 0.1g，加 0.05mol/L 氢氧化钠溶液 5.3mL 使溶解，再加水稀释至 100mL，即得。变色范围 pH7.2～8.8（黄→红）。

9. 刚果红指示液

取刚果红 0.5g，加 10%乙醇 100mL 使溶解，即得。变色范围 pH3.0～5.0（蓝→红）。

10. 间甲酚紫指示液

取间甲酚紫 0.1g，加 0.01mol/L 氢氧化钠溶液 10mL 使溶解，再加水稀释至 100mL，即得。变色范围 pH7.5～9.2（黄→紫）。

11. 茜素磺酸钠指示液

取茜素磺酸钠 0.1g，加水 100mL 使溶解，即得。变色范围 pH3.7～5.2（黄→紫）。

12. 耐尔蓝指示液

取耐尔蓝 1g，加冰醋酸 100mL 使溶解，即得。变色范围 pH10.1～11.1（蓝→红）。

13. 亮绿指示液

取亮绿 0.5g，加冰醋酸 100mL 使溶解，即得。变色范围 pH0.0～2.6（黄→绿）。

14. 萘酚苯甲醇指示液

取 α-萘酚苯甲醇 0.5g，加冰醋酸 100mL 使溶解，即得。变色范围 pH8.5～9.8（黄→绿）。

15. 酚酞指示液

取酚酞 1g，加乙醇 100mL 使溶解，即得。变色范围 pH8.3～10.0（无色→红）。

16. 酚磺酞指示液

取酚磺酞 0.1g，加 0.05mol/L 氢氧化钠溶液 5.7mL，使溶解，再加水稀释至 200mL，即得。变色范围 pH6.8～8.4（黄→红）。

17. 溴甲酚紫指示液

取溴甲酚紫 0.1g，加 0.02mol/L 氢氧化钠溶液 20mL，使溶解，再加水稀释至 100mL，即得。变色范围 pH5.2～6.8（黄→紫）。

18. 溴甲酚绿指示液

取溴甲酚绿 0.1g，加 0.05mol/L 氢氧化钠溶液 2.8mL，使溶解，再加水稀释至 200mL，即得。变色范围 pH3.6～5.2（黄→蓝）。

19. 溴酚蓝指示液

取溴酚蓝 0.1g，加 0.05mol/L 氢氧化钠溶液 3.0mL，使溶解，再加水稀释至 200mL，即得。变色范围 pH2.8～4.6（黄→蓝绿）。

20. 溴麝香草酚蓝指示液

取溴麝香草酚蓝 0.1g，加 0.05mol/L 氢氧化钠溶液 3.2mL，使溶解，再加水稀释至 200mL，即得。变色范围 pH6.0～7.6（黄→蓝）。

21. 橙黄Ⅳ指示液

取橙黄Ⅳ0.5g，加冰醋酸 100mL 使溶解，即得。变色范围 pH1.4～3.2（红→黄）。

22. 麝香草酚酞指示液

取麝香草酚酞 0.1g，加乙醇 100mL 使溶解，即得。变色范围 pH9.3～10.5g（无色→蓝）。麝香草酚蓝指示液 取麝香草酚蓝 0.1g，加 0.05mol/L 氢氧化钠溶液

4.3mL，使溶解，再加水稀释至200mL，即得。变色范围pH1.2～2.8（红→黄）。

23. 喹哪啶红指示液

取喹哪啶红0.1g，加甲醇100mL使溶解，即得。变色范围pH1.4～3.2（无色→红）。

24. 二甲基黄指示液

取二甲基黄0.1g。加乙醇100mL使溶解，即得。变色范围pH2.9～4.0（红→黄）。

25. 氧化酶试验试剂

[成分] 1%盐酸二甲基对苯二胺溶液（少量新鲜配制，于冰箱内避光保存），1%α-萘酚酒精溶液。

26. 靛基质试剂

[成分] 柯凡克试剂：将5g对二甲氨苯甲醛溶解于75mL戊醇中，然后缓慢加入浓盐酸25mL。欧-波试剂：将1g对二甲氨基苯甲醛溶解于95%乙醇95mL内。然后缓慢加入浓盐酸20mL。

三、常用培养基配方

1. LB培养基

[成分] 酵母膏5g，蛋白胨，10g，NaCl 10g，琼脂1%～2%，蒸馏水1000mL，pH 7.0。

[制法] 按以上成分配好，加热使溶解，并校正pH值，加入琼脂后煮沸过滤（若琼脂无杂质可不过滤），分装，包扎，标记。121℃灭菌15min，取出直立凝固备用。

2. BPY培养基

[成分] 牛肉膏5g，蛋白胨10g，NaCl 5g，酵母膏5g，葡萄糖5g，琼脂1%～2%，蒸馏水1000mL，pH 7.0。

[制法] 按以上成分配好，加热使溶解，并校正pH值，加入琼脂后煮沸过滤（若琼脂无杂质可不过滤），分装，包扎，标记。121℃灭菌15min，取出直立凝固备用。

3. 酵母菌产生子囊孢子培养基

(1) Kleyn培养基

[成分] KH_2PO_4 0.012%，K_2HPO_4 0.02%，醋酸钠0.5%，葡萄糖0.062%，NaCl 0.062%，蛋白胨0.25%，生物素0.02mg/L，琼脂2%，混合盐类1mL/100mL。混合盐类溶液：$MgSO_4 \cdot 7H_2O$ 0.4%，NaCl 0.4%，$CuSO_4 \cdot 5H_2O$ 0.002%，$MnSO_4 \cdot 4H_2O$ 0.2%，$FeSO_4 \cdot 4H_2O$ 0.2%。

(2) Gorodkowa培养基

[成分] 葡萄糖0.1%，Peptone蛋白胨1%，NaCl 0.5%，琼脂2%。

(3) McClary培养基

[成分] 葡萄糖0.1%，KCl 0.18%，酵母汁0.25%，醋酸钠0.82%，琼脂1.5%。

4. 麸皮培养基

［成分］麸皮 36g，$(NH_4)_2HPO_4$ 10g，K_2HPO_4 0.2g，$MgSO_4 \cdot 7H_2O$ 0.1g，琼脂 20g，蒸馏水 1000mL，pH 7.0。

5. 滤纸条培养基

［成分］$(NH_4)_2SO_4$ 1g，KH_2PO_4 1g，$MgSO_4 \cdot 7H_2O$ 0.5g，酵母膏 0.1g，蒸馏水 1000mL。

［制法］制作规格为 1cm×7cm 的滤纸条若干。按照上述溶液配方配成溶液后分装入试管，每管 1mL，灭菌 30min。再将灭菌的滤纸条（1 条或 2 条）投入试管中，即可使用。

6. 米饭培养基

［成分］大米，水。

［制法］取大米 10g，入 50mL 锥形瓶中，水 20～30mL，灭菌 30min；或取大米 2g，装入 15mm×150mm 试管中，加水 6mL，灭菌 30min。

7. 稻草、米糠培养基

［成分］干稻草 75%～80%，米糠 20%～25%。

［制法］选无霉稻草，切成长约 3cm 的小段，用清水浸泡 12h，使充分吸水，然后倾去水，加米糠和水，水量以用手捏时指间有水珠为宜。

8. 木条或松木屑培养基

（1）木条培养基

［制法］将 10cm×2cm×1cm 的松木条浸泡在 1%～2%的蔗糖水中。使木条吸足糖水，装瓶不宜过紧，用纸包好，灭菌 1h。

（2）松木屑培养基

［成分］松木屑 75%，米糠 23%～24%，蔗糖 1%～2%，水（适量）。

［制法］按上述成分配好后，灭菌 1h。

9. 木屑、麸皮培养基

［成分］壳斗科植物或阔叶树的木屑 75g，麸皮 25g。

［制法］加水适量充分混匀，水量以手捏时指间有水珠为宜，装瓶并压紧，在中心处扎一小洞，堵上棉塞，灭菌 1h。

10. 黄豆饼粉琼脂

［成分］10%黄豆饼粉浸汁 1000mL，葡萄糖 10g，NaCl 2.5g。

［制法］按上述成分配好后，灭菌 30min。

11. 综合马铃薯培养基

［成分］20%马铃薯汁 1000mL，葡萄糖 20g，KH_2PO_4 3g，$MgSO_4 \cdot 7H_2O$ 1.5g 硫胺素微量，琼脂 15g，pH 6。

［制法］按上述成分配好后，灭菌 30min。

12. 察氏琼脂培养基

［成分］蔗糖 30g，$NaNO_3$ 3g，$MgSO_4 \cdot 7H_2O$ 0.5g，KCl 0.5g，$FeSO_4 \cdot 7H_2O$ 0.01g，K_2HPO_4 1g，琼脂 13g，蒸馏水 1000mL，pH 7.2。

13. 马铃薯葡萄糖琼脂培养基

[成分] 马铃薯汁 1000mL，葡萄糖 20g。

[制法] 取去皮马铃薯 200g，切成小块，加水 1000mL 煮沸 30min，滤去马铃薯块，将滤液补足至 1000mL，加葡萄糖 20g，琼脂 15g，熔化后分装，121℃，灭菌 30min。

14. 麦芽汁琼脂培养基

[制法] 将发酵啤酒的原料（未加酒花）稀释至 12Brix，加琼脂 15g，熔化后分装。灭菌 30min。

15. 高氏一号培养基

[成分] KNO_3 1g，可溶性淀粉 20g，K_2HPO_4 0.5g，$MgSO_4 \cdot 7H_2O$ 0.5g，NaCl 0.5g，$FeSO_4$ 0.01g，琼脂 20g，水 1000mL，pH 7.2～7.4。

16. 甘露醇琼脂

[成分] 酵母膏 5g，蛋白胨 3g，甘露醇 25g，琼脂 15g，蒸馏水 1000mL。

17. 根瘤菌培养基

[成分] 酵母膏 1g，土壤浸提液 200mL，甘露醇 10g，琼脂 15g，蒸馏水 800mL，pH 7.2。

（土壤浸提液的制法：取土壤 50g，加水 200mL，蒸煮 1h，经滤纸过滤后加水补足到 200mL。）

18. 甘油琼脂培养基

[成分] 蛋白胨 5g，酵母膏 3g，甘油 20g，自来水 1000mL，琼脂 15g，pH 7.0～7.2。

19. 乳酸菌培养基

[成分] 酵母膏 7.5g，蛋白胨 7.5g，葡萄糖 10g，KH_2PO_4 2g，西红柿汁 100mL，吐温 80 0.5mL，蒸馏水 900mL，pH 7.0。

20. 玉米粉培养基

[成分] 玉米粉 5g，蛋白胨 0.1g，葡萄糖 1g，自来水 1000mL。

21. 营养肉汁琼脂培养基

[成分] 蛋白胨 5g，牛肉膏 30g，NaCl 5g，琼脂 15g，蒸馏水 1000mL，pH 7.0～7.2。

22. 蛋白胨水培养基

[成分] 蛋白胨（或胰蛋白胨）10g，氯化钠 5g，蒸馏水 1000mL。

[制法] 将上述成分溶于水中，校正 pH 值至 7.2，分装试管，每管 2～3mL，置 121℃灭菌 15min。

23. 营养肉汤培养基

[成分] 蛋白胨 10g，牛肉膏 3g，氯化钠 5g，蒸馏水 1000mL。

[制法] 将上述成分称量混合溶解于水中，校正 pH 值至 7.4，按用途不同分装于烧瓶或试管内。经 121℃灭菌 15min，做无菌试验后冷藏备用。一般细菌的增菌培养，加入 1%琼脂粉亦可作营养琼脂。

24. 牛肉浸液培养基

[成分] 新鲜除脂牛肉 500g，氯化钠 5g，蛋白胨 10g，蒸馏水 1000mL。

[制法] 先将牛肉清洗，除脂肪、肌腱，并切块绞碎。称取 500g 置容器中加入蒸馏水 1000mL，搅匀后置冰箱过夜，次日煮沸加热 30min，并用玻棒不时搅拌，用绒

布或麻布进行粗过滤，再用脱脂棉过滤即成。在过滤过程中加入蛋白胨10g、氯化钠5g，溶解后，用氢氧化钠溶液校正pH值至7.6～7.8，并加热煮沸10min，补充蒸馏水至1000mL，最后用滤纸过滤，呈清晰透明、淡黄色液体，经121℃灭菌15min。

［用法］根据用途不同可以制成营养肉汤，以此为基础制成其他培养基。如制作固体培养基，加入琼脂15～20g/L即可。

25. 营养琼脂培养基

［成分］蛋白胨10g，牛肉膏3g，氯化钠5g，琼脂粉12g，蒸馏水1000mL。

［制法］将上述成分（除琼脂外）溶于水中，校正pH 7.2～7.4后加入琼脂，煮沸溶解，根据用途不同进行分装，经121℃灭菌15min，倾注平板或制成斜面，冷藏备用。

26. 菌种保存培养基（用来保存细菌）

［成分］蛋白胨10g，牛肉膏5g，氯化钠3g，磷酸氢二钠2g，琼脂粉4.5g，蒸馏水1000mL。

［制法］将上述成分混合于水中，加热溶解，调节pH值至7.4～7.6，分装试管2/3左右高度，121℃高压灭菌15min，制成半固体培养基。

27. 伊红美蓝琼脂培养基

［成分］蛋白胨10g，乳糖10g，磷酸氢二钾2g，20g/L伊红水溶液20mL，6.5g/L美蓝溶液1mL，琼脂17g，蒸馏水1000mL。

［制法］将蛋白胨、磷酸盐、琼脂称量混合于水中，并加热煮沸溶解，校正pH值至7.1，分装，121℃灭菌15min，备用。临用时加热熔化琼脂，加入乳糖，冷至50～55℃时加入伊红和美蓝溶液，摇匀倾注平板。

28. 糖醇发酵试验培养基

［成分］蛋白胨10g，牛肉膏3g，氯化钠5g，安德烈（Andrade）指示剂10mL，蒸馏水1000mL，各种糖（醇）类5～10g。

［制法］将上述成分混合后，加热溶解，调pH值至7.2。根据需要，分别再加相应的糖和醇。分装于13mm×100mm的试管，每管约3mL，115℃灭菌15min。如需观察产气，可在试管内加杜氏小管1只。

29. 乳糖胆盐发酵管

［成分］蛋白胨10g，猪胆盐（或牛、羊胆盐）5g，乳糖10g，0.04%溴甲酚紫水溶液24mL，蒸馏水1000mL，pH7.4。

［制法］将蛋白胨、胆盐及乳糖溶于水中，校正pH值，加入指示剂，分装，每管10mL，并放入一个小倒管，115℃高压灭菌15min。用于大肠菌群、粪大肠菌群及大肠杆菌的测定。

注：双料乳糖胆盐发酵管除蒸馏水外，其他成分加倍。

30. 乳糖发酵管

［成分］蛋白胨20g，乳糖10g，蒸馏水1000mL，0.04%溴甲酚紫水溶液25mL，pH7.4。

［制法］将蛋白胨及乳糖溶于水中，校正pH值，加入指示剂，按检验要求分装，

每管 30mL、10mL 或 3mL，并放入一个小倒管，115℃高压灭菌 15min。

注：① 双料乳糖发酵管除蒸馏水外，其他成分加倍。

② 30mL 和 10mL 乳糖发酵管专供酱油及酱类检验用，3mL 乳糖发酵管供大肠菌群证实试验用。

31. 麦康凯琼脂培养基

［成分］蛋白胨 17g，际胨 3g，猪胆盐（或牛、羊胆盐）5g，氯化钠 5g，琼脂 17g，蒸馏水 1000mL，乳糖 10g，0.01%结晶紫水溶液 10mL，0.5%中性红水溶液 5mL。

［制法］将蛋白胨、际胨、胆盐和氧化钠溶解于 400mL 蒸馏水中，校正 pH7.2，将琼脂加入 600mL 蒸馏水中，加热溶解，将两液合并，分装于烧瓶内，121℃灭菌 15min，备用。临用时加热熔化琼脂，趁热加入乳糖，冷至 50～55℃时，加入结晶紫相中性红水溶液，摇匀后倾注平板。结晶紫及中性红水溶液配好后须经高压灭菌。

32. 三糖铁琼脂（TSI）培养基

［成分］蛋白胨 20g，牛肉膏 5g，乳糖 10g，蔗糖 10g，葡萄糖 1g，氯化钠 5g，硫酸亚铁铵 ［$Fe(NH_4)_2 \cdot (SO_4)_2 \cdot 6H_2O$］0.2g，硫代硫酸钠 0.2g，琼脂 12g，酚红 0.025g，蒸馏水 1000mL，pH7.4。

［制法］将除琼脂和酚红以外的各成分溶解于蒸馏水中，校正 pH 值，加入琼脂，加热煮沸，以熔化琼脂，加入 0.2%酚红水溶液 12.5mL，摇匀，分装于试管内，装量宜多些，以便得到较高的底层。121℃灭菌 15min，放置高层斜面。

33. 半固体琼脂培养基

［成分］蛋白胨 10g，牛肉膏 3g，氯化钠 5g，琼脂 4g，蒸馏水 1000mL，pH7.5。

［制法］按以上成分配好，煮沸使溶解，并校正 pH7.4～7.6，加入琼脂后趁热过滤，分装，包扎，标记，121℃灭菌 15min，取出直立凝固备用。供动力观察、菌种保存等试验用。

34. Elek 氏培养基（毒素测定用）

［成分］蛋白胨 20g，麦芽糖 3g，乳糖 0.7g，氯化钠 5g，琼脂 15g，40%氢氧化钠溶液 1.5mL，蒸馏水 1000mL，pH7.8。

［制法］用 500mL 蒸馏水溶解琼脂以外的成分，煮沸，并用滤纸过滤，用 1mol/L 氢氧化钠校正 pH 值；用另外 500mL 蒸馏水加热熔化琼脂，将两液混合，分装于试管内，每管 10mL 或 20mL，121℃灭菌 15min。临用时加热熔化琼脂，倾注平板。

35. 肠道菌增菌液肉汤培养基

［成分］蛋白胨 10g，牛胆盐 20g，葡萄糖 5g，磷酸氢二钠 8g，磷酸二氢钾 2g，煌绿 0.015g，蒸馏水 1000mL，pH7.2。

［制法］将上述成分配好，加热溶解，校正 pH 值，分装每瓶 30mL，115℃灭菌 15min。

36. 糖发酵管（乳糖、鼠李糖、木糖和甘露醇）

［成分］牛肉膏 5g，蛋白胨 10g，氯化钠 3g，磷酸氢二钠 2g，0.2%溴麝香草酚蓝溶液 12mL，蒸馏水 1000mL，pH7.4。

［制法］葡萄糖发酵管按上述成分配好后，按 0.5%加入葡萄糖，分装于一个倒

置的小试管内，121℃，灭菌15min。

其他各种糖发酵管可按上述分配好后，分装每瓶100mL，121℃高压灭菌15min。另将各种糖类分别配好10%溶液，同时高压灭菌。用无菌吸管将5mL糖溶液加入于100mL培养基内，以无菌操作分装试管。

37. 尿素琼脂培养基

[成分] 蛋白胨1g，氯化钠5g，葡萄糖1g，磷酸二氢钾2g，琼脂20g，0.4%酚红溶液3mL，20%尿素溶液100mL，蒸馏水900mL，pH7.2。

[制法] 将除尿素和琼脂以外的成分配好，并校正pH值，加入琼脂，加热熔化并分装烧瓶。121℃高压灭菌15min，冷至50～55℃，加入经除菌过滤的尿素溶液。尿素的最终浓度为2%，最终pH值应为7.2。

38. 氰化钾培养基

[成分] 蛋白胨10g，氯化钠5g，磷酸二氢钾0.225g，磷酸氢二钠5.64g，琼脂20g，0.5%氰化钾溶液20mL，蒸馏水1000mL，pH7.6。

[制法] 将除氰化钾以外的成分配好后分装烧瓶，121℃高压灭菌15min放在冰箱内使其充分冷却，每100mL培养基加入0.5%氰化钾溶液2.0mL（最后浓度为1∶1000），分装于12mm×100mm灭菌试管。每管约4mL，立即用灭菌橡皮塞塞紧，放在4℃冰箱内，至少可保存60天。

注：氰化钾是剧毒药物，使用时应小心，以免中毒，夏天分装培养基应在冰箱内进行。

39. 孟加拉红培养基

[成分] 蛋白胨5.0g，葡萄糖10.0g，磷酸二氢钾1.0g，硫酸镁0.5g，孟加拉红0.03g，氯霉菌0.1g，琼脂15.0g，蒸馏水1000mL。

[制法] 称取各成分溶于纯水中，加热煮沸至完全溶解，分装，121℃灭菌20min。

40. 乳糖复发酵管培养基

[成分] 蛋白胨20.0g，乳糖10.0g，溴甲酚紫0.01g，pH7.4±0.1，蒸馏水1000mL

[制法] 称取各成分溶于纯水中，加热煮沸至完全溶解，分装10mL于有倒立发酵管的试管中，115℃灭菌15min。供大肠菌群证实试验用。

注意事项：密封保存于阴凉干燥处。

41. 三糖铁琼脂培养基

[成分] 蛋白胨20.0g，酚红0.025g，牛肉膏3.0g，氯化钠g5.0g，乳糖10.0g，硫酸亚铁铵（$6H_2O$）0.5g，蔗糖10.0g，硫代硫酸钠0.5g，琼脂12.0g，葡萄糖1.0g，pH7.4±0.1，蒸馏水1000mL。

[制法] 称取各成分溶于纯水中，加热煮沸至溶解，分装试管，115℃，灭菌15min，制成高层斜面备用。主要用于肠杆菌科细菌的生化反应筛选。

注意事项：保存于阴凉干燥处，密封、避光。

42. 伊红美蓝琼脂培养基

[成分] 蛋白胨10.0g，乳糖10.0g，磷酸氢二钾2.0g，琼脂15.0g，伊红0.4g，美蓝0.065g，pH7.1，蒸馏水1000mL。

[制法] 称取各成分溶于纯水中，加热溶解，121℃，灭菌 15min。用于分离肠道致病菌。

注意事项： 保存于阴凉干燥处，密封、避光。

43. 缓冲蛋白胨水

[成分] 蛋白胨 10.0g，氯化钠 5.0g，Na_2HPO_4（$12H_2O$）9.0g，KH_2PO_4 1.5g，最终 pH7.2±0.1，蒸馏水 1000mL。

[制法] 称取各成分溶于纯水中，加热煮沸至完全溶解，分装，每瓶 225mL，121℃15min 高压灭菌备用。用于沙门氏菌检验中的前增菌。

注意事项： 密封保存于阴凉干燥处。

44. 四硫酸钠煌（TTB）绿增菌液

[成分] 基础培养基：多胨或胨 5.0g，胆盐 1.0g，碳酸钙 10.0g，硫代硫酸钠 30.0g，蒸馏水 1000mL。碘溶液：碘 5.0g，碘化钾 6.0g，蒸馏水 20mL。

[制法] 将基础培养基的各成分加入蒸馏水中，加热溶解，分装每瓶 100mL。分装时应随时振荡，使其中的碳酸钙混匀。121℃灭菌 15min。临用时，每 100mL 基础培养基中加入碘溶液 2mL、0.1%煌绿溶液 1mL。用于沙门氏菌检验中前增菌。

注意事项： 密封保存于阴凉干燥处。

45. GN 增菌液

[成分] 胰蛋白胨 20.0g，葡萄糖 1.0g，甘露醇 2.0g，柠檬酸钠 5.0g，去氧胆酸钠 0.5g，磷酸氢二钾 4.0g，磷酸二氢钾 1.5g，氯化钠 5.0g，蒸馏水 1000mL。

[制法] 按上述成分配好，加热使溶解，校正 pH 值。分装每瓶 225mL，115℃灭菌 15min。用于志贺氏菌的前增菌液。

注意事项： 密封保存于阴凉干燥处。

46. 亚硒酸盐胱氨酸增菌液

[成分] 蛋白胨 5.0g，乳糖 4.0g，磷酸氢二钠 10.0g，亚硒酸氢钠 4.0g，L-胱氨酸 0.1g，纯水 1000mL，pH7.0±0.1。

[制法] 称取各成分溶于灭菌纯水中，在无菌容器中溶解，分装，每瓶 100mL，备用。用于沙门氏菌选择性增菌培养。

注意事项： 于 4℃冰箱中密封保存。

47. SS 琼脂

[成分] 蛋白胨 5.0g，牛肉粉 5.0g，乳糖 10.0g，三号胆盐 3.5g，柠檬酸铁 10.0g，柠檬酸钠 8.5g，中性红 0.025g，硫代硫酸钠 8.5g，琼脂 15.0g，煌绿 0.00033g，纯水 1000mL，pH7.0±0.1。

[制法] 称取各成分溶于纯水中，加热煮沸溶解，冷至 55℃，倾注平板备用。用于沙门氏菌、志贺氏菌的分离。

注意事项： ①保存于阴凉干燥处，密封，避光；②勿高压灭菌。

48. V-P 半固体琼脂

[成分] 蛋白胨 12.0g，酵母膏 1.0g，葡萄糖 10.0g，氯化钠 5.0g，琼脂 3.0g，纯水 1000.0mL，pH7.3±0.1。

[制法] 称取各成分于纯水中，加热煮沸至溶解，分装试管，每管1～1.5mL，121℃灭菌10min，立即取出冷却备用。用于细菌检验的V-P试验。

配制试剂：

甲液：α-萘酚6.0g，无水乙醇溶液100.0mL。

乙液：氢氧化钾40.0g，肌酸0.3g，蒸馏水100.0mL。

先将氢氧化钾溶于水中，再加入肌酸。甲液和乙液保存于4℃冰箱内，可使用2个月。

注意事项：保存于阴凉干燥处，密封，避光。

49. 7.5%氯化钠肉汤培养基

[成分] 蛋白胨10.0g，牛肉粉3.0g，氯化钠75.0g，纯水1000.0mL，pH7.4±0.1。

[制法] 称取各成分溶于纯水中，加热煮沸至完全溶解，分装，每瓶50mL，121℃灭菌15min。用于金黄色葡萄球菌的增菌培养。

注意事项：密封保存于阴凉干燥处。

50. Baird-parker培养基

[成分] 胰蛋白胨10.0g，丙酮酸钠10.0g，牛肉膏5.0g，甘氨酸12.0g，酵母膏1.0g，氯化锂（$6H_2O$）5.0g，琼脂20.0g，纯水1000.0mL，pH7.4±0.1。

[制法] 称取各成分于纯水中，加热煮沸至溶解，分装每瓶95mL，121℃灭菌15min，冷至50℃时，每95mL加入5mL亚碲酸钾卵黄增菌液。用于食品中金黄色葡萄球菌的检验。

注意事项：①保存于阴凉干燥处，密封，避光；②平板冰箱贮存不超过48h。

51. 酸性肉汤培养基

[成分] 蛋白胨5.0g，酵母粉5.0g，葡萄糖5.0g，磷酸氢二钾4.0g，纯水1000.0mL，pH5.0±0.2。

[制法] 称取各成分溶于纯水中，加热煮沸至完全溶解，分装，121℃灭菌20min。用于酸性罐头食品商业无菌检验。

注意事项：保存于阴凉干燥处，密封，避光。

52. 尿素琼脂培养基

[成分] 蛋白胨1.0g，葡萄糖1.0g，氯化钠5.0g，磷酸二氢钾2.0g，酚红0.012g，琼脂15.0g，纯水1000mL，pH6.8±0.1。

[制法] 称取各成分于纯水中，加热煮沸至完全溶解，121℃灭菌15min，冷至55℃，以无菌技术每95mL溶液加入40%尿素水溶液5mL，混匀后制成斜面备用。用于细菌检验中的尿素酶试验。

注意事项：保存于阴凉干燥处，密封，避光。

53. 赖氨酸脱羧酶培养基

[成分] 酵母膏3.0g，葡萄糖1.0g，L-赖氨酸5.0g，溴甲酚紫0.016g，纯水1000mL，pH6.7±0.1。

[制法] 称取各成分于纯水中，加热煮沸至完全溶解，分装试管，每管1～1.5mL，121℃灭菌15min。用于细菌检验中的赖氨酸脱羧酶试验。

注意事项： 保存于阴凉干燥处，密封，避光。

54. 吲哚培养基

[成分] 蛋白胨 10.0g，氯化钠 5.0g，DL-色氨酸 1.0g，纯水 1000.0mL，pH 7.4±0.1。

[制法] 称取各成分于纯水中，加热煮沸至完全溶解，121℃灭菌 15min。配制柯凡克试剂：对二甲氨基苯甲醛 10.0g，戊醇 150.0mL，浓盐酸 50.0mL，将色泽鲜明干燥的对二甲氨基苯甲醛溶于戊醇中，缓慢搅拌加入盐酸，加热至 60℃，呈深黄色，静置 6～7h，变成黄色即可使用。试剂宜少量配制，不用时保存于 4℃冰箱内。久存后试液变成褐色不可使用。用于细菌靛基质试验，亦称色氨酸肉汤。

注意事项： 保存于阴凉干燥处，密封，避光。

55. 硝酸盐氰化钾培养基

[成分] 蛋白胨 10.0g，氯化钠 5.0，磷酸二氢钾 0.225g，磷酸氢二钠 5.64g，硝酸钾（无亚硝酸盐）1.0g，纯水 1000mL，5g/L 氰化钾溶液 10.0mL，纯水 1000mL，pH6.8±0.1。

[制法] 称取各成分于纯水中，加热煮沸至完全溶解，121℃灭菌 15min。每 100mL 无菌加入 0.5%氰化钾溶液 1mL，分装无菌试管备用；同时将不加氰化钾的培养基作为对照培养基，分装试管备用。用于细菌检验中的硝酸盐还原试验和氰化钾试验。

56. 生理盐水（0.85%）

[成分] 氯化钠 8.5g，纯水 1000mL。

[制法] 称取氯化钠于纯水中，至完全溶解，分装，121℃灭菌 15min。用于检样的溶解与稀释。

57. 脱脂牛奶培养基

[成分] 脱脂牛奶 100g，去离子水 1000mL。

[制法] 称取氯化钠于纯水中，至完全溶解，分装，121℃灭菌 15min。用于培养保加利亚乳杆菌、嗜热乳酸链球菌等。

四、染色液的配制

1. 黑色素液

水溶性黑素 10g，蒸馏水 100mL，甲醛（福尔马林）0.5mL。可用作荚膜的背景染色。

2. 墨汁染色液

国产绘图墨汁 40mL，甘油 2mL，液体石炭酸 2mL。先将墨汁用多层纱布过滤，加甘油混匀后，水浴加热，再加石炭酸搅匀，冷却后备用。用作荚膜的背景染色。

3. 吕氏（Loeffier）美蓝染色液

A 液：美蓝（methylene blue，又名甲烯蓝）0.3g，95%乙醇 30mL。

B 液：0.01% KOH 100mL。

混合 A 液和 B 液即成，用于细菌单染色，可长期保存。根据需要可配制成稀释美蓝液，按 1∶10 或 1∶100 稀释均可。

4. 革兰氏染色液

(1) 结晶紫（crystal violet）液　结晶紫乙醇饱和液（结晶紫 2g 溶于 20mL 95%乙醇中）20mL，1%草酸铵水溶液 80mL 将两液混匀放置 24h 后过滤即成。此液不易保存，如有沉淀出现，需重新配制。

(2) 卢戈（Lugol）氏碘液　碘 1g，碘化钾 2g，蒸馏水 300mL。先将碘化钾溶于少量蒸馏水中，然后加入碘使之完全溶解，再加蒸馏水至 300mL 即成。配成后贮于棕色瓶内备用，如变为浅黄色即不能使用。

(3) 95%乙醇　用于脱色，脱色后可选用以下（4）或（5）的其中一项复染即可。

(4) 稀释石炭酸复红溶液　碱性复红乙醇饱和液（碱性复红 1g，95%乙醇 10mL，5%石炭酸 90mL 混合溶解即成碱性复红乙醇饱和液），取石炭酸复红饱和液 10mL，加蒸馏水 90mL 即成。

(5) 番红溶液　番红（safranine，又称沙黄）2.5g，95%乙醇 100mL，溶解后可贮存于密闭的棕色瓶中，用时取 20mL 与 80mL 蒸馏水混匀即可。

以上染液配合使用，可区分出革兰氏染色阳性（G^+）或阴性（G^-）细菌，G^+ 被染成蓝紫色，G^- 被染成淡红色。

5. 鞭毛染色液

A 液：丹宁酸 5.0g，$FeCl_3$ 1.5g，15%甲醛（福尔马林）2.0mL，1% NaOH 1.0mL，蒸馏水 100mL。

B 液：$AgNO_3$ 2.0g，蒸馏水 100mL。

待 $AgNO_3$ 溶解后，取出 10mL 备用，向其余的 90mL $AgNO_3$ 中滴加 NH_4OH，即可形成很厚的沉淀；继续滴加 NH_4OH 至沉淀刚刚溶解成为澄清溶液为止，再将备用的 $AgNO_3$ 慢慢滴入，则溶液出现薄雾，但轻轻摇动后，薄雾状的沉淀又消失；继续滴入 $AgNO_3$，直到摇动后仍呈现轻微而稳定的薄雾状沉淀为止，如雾重，说明银盐沉淀出，不宜再用。通常在配制当天便用，次日效果欠佳，第 3 天则不能使用。

6. 0.5%沙黄（Safranine）液

2.5%沙黄乙醇液 20mL，蒸馏水 80mL。将 2.5%沙黄乙醇液作为母液保存于不透气的棕色瓶中，使用时再稀释。

7. 5%孔雀绿水溶液

孔雀绿 5.0g，蒸馏水 100mL。

8. 0.05%碱性复红

碱性复红 0.05g，95%乙醇 100mL。

9. 齐氏（Ziehl）石炭酸复红液

碱性复红 0.3g 溶于 95%乙醇 10mL 中，为 A 液。0.01%KOH 溶液 100mL，为 B 液。混合 A 液、B 液，即成。

10. 姬姆萨（Giemsa）染液

(1) 贮存液　称取姬姆萨粉 0.5g，甘油 33mL，甲醇 33mL。先将姬姆萨粉研细，再逐滴加入甘油，继续研磨，最后加入甲醇，在56℃放置1～24h后即可使用。

(2) 应用液（临用时配制） 取1mL贮存液加19mL pH7.4磷酸缓冲液即成。亦可取贮存液-甲醇（1：4）配制成染色液。

11. 乳酸石炭酸棉蓝染色液（用于真菌固定和染色）

石炭酸（结晶酚）20g，乳酸20mL，甘油40mL，棉蓝0.05g，蒸馏水20mL。

将棉蓝溶于蒸馏水中，再加入其他成分，微加热使其溶解，冷却后用。滴少量染液于真菌涂片上，加上盖玻片即可观察。霉菌菌丝和孢子均可染成蓝色。染色后的标本可用树脂封固，能长期保存。

12. 1%瑞氏（Wright’s）染色液

称取瑞氏染色粉6g，放研钵内磨细，不断滴加甲醇（共600mL）并继续研磨使溶解。经过滤后染液须贮存一年以上才可使用，保存时间愈久，则染色色泽愈佳。

13. 阿氏（Albert）异染粒染色液

A液：甲苯胺蓝（toluidine blue）0.15g，孔雀绿0.2g，冰醋酸1mL，95%乙醇2mL，蒸馏水100mL。

B液：碘2g，碘化钾3g，蒸馏水300mL。

14. 齐氏（Ziehl）石炭酸复红染色液

A液：碱性复红0.3g，95%乙醇10mL。

B液：石炭酸5.0g，蒸馏水95mL。

将碱性复红在研钵中研磨后，逐渐加入95%乙醇，继续研磨使其溶解，配成A液。将石炭酸溶解于水中，配成B液。混合A液及B液即成。

通常可将此混合液稀释5～10倍使用，稀释液易变质失效，一次不宜多配。

15. 芽孢染色液

(1) 孔雀绿染液 孔雀绿5g，蒸馏水100mL。

(2) 番红水溶液 番红0.5g，蒸馏水100mL。

(3) 苯酚品红溶液 碱性品红11g，无水酒精100mL。取上述溶液10mL与100mL 5%苯酚溶液混合，过滤。

(4) 黑色素溶液 水溶性黑色素10g，蒸馏水100mL。称取10g黑色素溶于100mL蒸馏水中，置沸水浴中30min后，滤纸过滤两次，补加水到100mL，加0.5mL甲醛。

16. Bouin氏固定液

苦味酸饱和水溶液75mL，福尔马林（40%甲醛）25mL，冰醋酸5mL，1g苦味酸可制成75mL饱和水溶液。先将苦味酸溶解成水溶液，然后再加入福尔马林和冰醋酸，摇匀即成。

17. 瑞氏（Wright）染色液

瑞氏染料粉末0.3g，甘油3mL，甲醇97mL。将染料粉末置于干燥的乳钵内研磨，先加甘油，后加甲醇，放玻璃瓶中过夜，过滤即可。

五、蒸汽压力与温度的关系

压力	温度	焓	压力	温度	焓	压力	温度	焓
0.0010	6.982	2513.8	0.18	116.93	2702.1	2.60	226.03	2801.2
0.0020	17.511	2533.2	0.20	120.23	2706.9	2.80	230.04	2801.7
0.0030	24.098	2545.2	0.25	127.43	2717.2	3.00	233.84	2801.9
0.0040	28.981	2554.1	0.35	138.88	2732.5	3.50	242.54	2801.3
0.0050	32.90	2561.2	0.40	143.62	2738.5	4.00	250.33	2799.4
0.0060	36.18	2567.1	0.45	147.92	2743.8	5.00	263.92	2792.8
0.0070	39.02	2572.2	0.50	151.85	2748.5	6.00	275.56	2783.3
0.0080	41.53	2576.7	0.60	158.84	2756.4	7.00	285.80	2771.4
0.0090	43.79	2580.8	0.70	164.96	2762.9	8.00	294.98	2757.5
0.010	45.83	2584.4	0.80	170.42	2768.4	9.00	303.31	2741.8
0.015	54.00	2598.9	0.90	175.36	2773.0	10.0	310.96	2724.4
0.020	60.09	2609.6	1.00	179.88	2777.0	11.0	318.04	2705.4
0.025	64.99	2618.1	1.10	184.06	2780.4	12.0	324.64	2684.8
0.030	69.12	2624.3	1.200	187.96	2783.4	13.0	330.81	2662.4
0.040	75.89	2636.8	1.30	191.60	2786.0	15.0	342.12	2611.6
0.050	81.35	2645.0	1.40	195.04	2788.4	16.0	347.32	2582.7
0.060	85.95	2653.6	1.50	198.28	2790.4	17.0	352.26	2550.8
0.070	89.98	2660.2	1.60	201.37	2792.2	18.0	356.96	2514.4
0.080	93.51	2666.0	1.70	204.30	2793.8	19.0	361.44	2470.1
0.090	96.71	2671.1	1.80	207.10	2795.1	20.0	365.71	2413.8
0.10	99.63	2675.7	1.90	209.79	2796.4	21.0	369.79	2340.2
0.12	104.81	2683.8	2.00	212.37	2797.4	22.0	373.68	2192.5
0.14	109.32	2690.8	2.20	217.24	2799.1	0.16	113.32	2696.8
2.40	221.78	2800.4						

六、培养基容积与加压灭菌所需时间

培养基容积/mL	容器	
	锥形瓶/min	玻璃瓶/min
10	15	20
100	20	25
500	25	30
1000	30	40

七、缓冲液的配制表

（1）常用缓冲溶液的配制

pH 值	M/S 醋酸钠 /mL	M/S 醋酸 /mL	pH 值	M/S 醋酸钠 /mL	M/S 醋酸 /mL	pH 值	M/S 醋酸钠 /mL	M/S 醋酸 /mL
3.2	1	32						
3.4	1	16	4.4	9.4	12.6	5.4	17.1	2.9
3.6	1.5	18.5	4.6	9.8	10.2	5.6	18.1	1.9
3.8	2.4	17.6	4.8	12.0	8.0	5.9	19	1
4.0	3.6	16.4	5.0	14.1	5.9	6.2	19.9	0.1
4.2	5.3	14.7	5.2	15.8	4.2			

（2）磷酸盐缓冲液的配制　1/15mol/L 的 Na_2HPO_4 溶液（11.876g 纯的 $Na_2HPO_4 \cdot 2H_2O$ 溶于 1000mL 蒸馏水中）及 1/15mol/L 的 KH_2PO_4 溶液（将 9.078g KH_2PO_4 溶于 1000mL 水中），将这两种溶液依不同比例混合。

pH 值	Na_2HPO_4 /mL	KH_2PO_4 /mL	pH 值	Na_2HPO_4 /mL	KH_2PO_4 /mL	pH 值	Na_2HPO_4 /mL	KH_2PO_4 /mL
4.94	0.1	9.90	6.46	4.00	6.00	7.73	9.00	1.00
5.29	0.25	9.75	6.81	5.00	5.00	8.04	9.50	0.50
5.39	0.50	9.50	6.98	6.00	4.00	8.34	9.75	0.25
5.91	1.00	9.00	7.17	7.00	3.00	8.69	9.90	0.10
6.24	2.00	8.00	7.38	8.00	2.00	9.18	10.00	0.00
6.47	3.00	7.00						

（3）Tris 缓冲溶液储备液

溶液 A：0.2mol/L Tris（三羟甲基氨基甲烷）。

溶液 B：0.2mol/L HCl。

50mL A＋XmL B，用蒸馏水稀释到 200mL。

pH 值	X/mL	pH 值	X/mL
7.2	44.2	8.2	21.9
7.4	41.4	8.4	16.5
7.6	38.4	8.6	12.2
7.8	32.5	8.8	8.1
8.0	26.8	9.0	5.0

（4）磷酸盐-柠檬酸缓冲液的配制　0.2mol/L $Na_2HPO_4 \cdot 2H_2O$ 溶液及 0.1mol/L 柠檬酸溶液，并依不同比例混合，见下表：

pH 值	Na_2HPO_4/mL	柠檬酸/mL	pH 值	Na_2HPO_4/mL	柠檬酸/mL
2.2	0.40	19.60	5.2	10.72	9.28
2.4	1.14	13.76	5.4	11.15	8.85
2.6	2.18	17.82	5.6	11.60	8.40
2.8	3.17	16.83	5.8	12.09	7.91
3.0	4.11	15.89	6.0	12.63	7.37
3.2	1.94	15.06	6.2	13.22	6.78
3.4	5.70	14.30	6.4	13.85	6.15
3.6	6.44	13.56	6.6	14.55	5.45
3.8	7.10	12.90	6.8	15.45	4.55
4.0	7.71	12.29	7.0	16.47	3.53
4.2	8.28	11.78	7.2	17.39	2.61
4.4	8.82	11.18	7.4	18.17	1.83
4.6	9.35	10.85	7.6	18.73	1.27
4.8	9.86	10.14	7.8	19.15	0.85
5.0	0.30	9.70	8.0	19.45	0.55

（5）盐缓冲液的配制

a. 1/20mol/L 硼砂（10.108g $Na_2B_4O_7 \cdot 10H_2O$ 溶在 1000mL 水中）。

b. 1/5mol/L 硼酸 + 1/20mol/L NaCl（12.45g H_2BO + 2.925g NaCl 溶在 1000mL 水中）。

pH 值	a/mL	b/mL	pH 值	a/mL	b/mL
7.0	0.45	9.55	8.2	3.5	6.5
7.2	0.75	9.25	8.4	4.45	5.55
7.3	1.10	8.9	8.6	5.5	4.5
7.8	2.05	7.95	9.0	8.2	1.8
8.0	2.70	7.3			

（6）标准缓冲液 pH 值与温度对照表

温度/℃	0.05mol/L 四草酸氢钾	0.05mol/L 邻苯二甲酸氢钾	0.025mol/L 混合磷酸盐	0.01mol/L 硼砂
5	1.67	4.00	6.95	9.39
10	1.67	4.00	6.02	9.33
15	1.67	4.00	6.90	9.28
20	1.68	4.00	6.88	9.23
25	1.68	4.00	6.86	9.18
30	1.68	4.01	6.85	9.14
35	1.69	4.02	6.84	9.11

八、常用消毒剂表

名称	浓度	使用范围	注意问题	名称	浓度	使用范围	注意问题
升汞	0.05%～0.1%	植物组织和虫体外部消毒	腐蚀金属器皿	硫柳汞	0.01%～0.1%	生物制品防腐，皮肤消毒	多用于抑菌
甲醛（福尔马林）	10mL/m^3	接种室消毒	用于熏蒸	石炭酸（苯酚）	3%～5%	接种室消毒（喷雾）器皿消毒	杀菌力强
来苏水（煤酚皂液）	3%～5%	接种室消毒，擦洗桌面及器械	杀菌力强	漂白粉	2%～5%	皮肤消毒	腐蚀金属，伤皮肤
新洁尔灭	0.25%	皮肤及器皿消毒	对芽孢无效	乙醇	70%～75%	皮肤消毒	对芽孢无效
高锰酸钾	0.1%	皮肤及器皿消毒	应随用随配	硫黄	15g/m^2	熏蒸，空气消毒	腐蚀金属
生石灰	1%～3%	消毒地面及排泄物	腐蚀性强				

九、常用干燥剂

1. 无水氯化钙（$CaCl_2$）

无定形颗粒状（或块状），价格便宜，吸水能力强，干燥速度较快。吸水后形成含不同结晶水的水合物 $CaCl_2 \cdot nH_2O$（n=1，2，4，6）。最终吸水产物为 $CaCl_2 \cdot 6H_2O$（30℃以下），是实验室中常用的干燥剂之一。氯化钙易与醇类、胺类及某些醛、酮、酯形成分子络合物。如与乙醇生成 $CaCl_2 \cdot 4C_2H_5OH$，与甲胺生成 $CaCl_2 \cdot 2CH_3NH_2$，与丙酮生成 $CaCl_2 \cdot 2(CH_3)_2CO$ 等。因此，不能作为上述各类有机物的干燥剂。

2. 无水硫酸钠（Na_2SO_4）

白色粉末状，吸水后形成带 10 个结晶水的硫酸钠（$Na_2SO_4 \cdot 10H_2O$）。因其吸水容量大，且为中性盐，对酸性或碱性有机物都适用，价格便宜，因此应用范围较广。但它与水作用较慢，干燥程度不高。当有机物中夹杂有大量水分时，常先用它来作初步干燥，除去大量水分，然后再用干燥效率高的干燥剂干燥。使用前最好先放在蒸发皿中小心烘炒，除去水分，然后再用。

3. 无水硫酸镁（$MgSO_4$）

白色粉末状，吸水容量大，吸水后形成带不同数目结晶水的硫酸镁 $MgSO_4 \cdot nH_2O$（n=1，2，4，5，6，7）。最终吸水产物为 $MgSO_4 \cdot 7H_2O$（48℃以下）。由于其吸水较快，且为中性化合物，对各种有机物均不起化学反应，故为常用干燥剂。特别是那些不能用无水氯化钙干燥的有机物常用它来干燥。

4. 无水硫酸钙（$CaSO_4$）

白色粉末，吸水容量小，吸水后形成 $2CaSO_4 \cdot H_2O$（100℃以下）。虽然硫酸钙为中性盐，不与有机化合物起反应，但因其吸水容量小，没有前述几种干燥剂应用广泛。由于硫酸钙吸水速度快，而且形成的结晶水合物在100℃以下较稳定，所以凡沸点在100℃以下的液体有机物，经无水硫酸钙干燥后，不必过滤就可以直接蒸馏。如甲醇、乙醇、乙醚、丙酮、乙醛、苯等，用无水硫酸钙脱水处理效果良好。

5. 无水碳酸钾（K_2CO_3）

白色粉末，是一种碱性干燥剂。其吸水能力中等，能形成带两个结晶水的碳酸钾（$K_2CO_3 \cdot 2H_2O$），但是与水作用较慢。适用于干燥醇、酯等中性有机物以及一般的碱性有机物如胺、生物碱等。但不能作为酸类、酚类或其他酸性物质的干燥剂。

6. 固体氢氧化钠（NaOH）和氢氧化钾（KOH）

白色颗粒状，是强碱性化合物。只适用于干燥碱性有机物如胺类等。因其碱性强，对某些有机物起催化反应，而且易潮解，故应用范围受到限制。不能用于干燥酸类、酚类、酯、酰胺类以及醛酮。

7. 五氧化二磷（P_2O_5）

P_2O_5 是所有干燥剂中干燥效力最高的干燥剂。P_2O_5 与水作用非常快，但吸水后表面呈黏浆状，操作不便，且价格较贵。一般是先用其他干燥剂如无水硫酸镁或无水硫酸钠除去大部分水，残留的微量水分再用 P_2O_5 干燥。它可用于干燥烷烃、卤代烷、卤代芳烃、醚等，但不能用于干燥醇类、酮类、有机酸和有机碱。

8. 金属钠（Na）

常常用作醚类、苯等惰性溶剂的最后干燥。一般先用无水氯化钙或无水硫酸镁干燥除去溶剂中较多量的水分，剩下的微量水分可用金属钠丝除去。但金属钠不适用于能与碱起反应的或易被还原的有机物的干燥。如不能用于干燥醇（制无水甲醇、无水乙醇等除外）、酸、酯、有机卤代物、酮、醛等。

9. 氧化钙（CaO）

CaO 是碱性干燥剂。与水作用后生成不溶性的 $Ca(OH)_2$，对热稳定，故在蒸馏前不必滤除。氧化钙价格便宜，来源方便，实验室常用它来处理95%的乙醇，以制备99%的乙醇。但不能用于干燥酸性物质或酯类。

10. 变色硅胶

常用来保持仪器、天平的干燥。吸水后变红。失效的硅胶可以经烘干再生后继续使用。可干燥 NH_3、O_2、N_2 等。

11. 活性氧化铝（Al_2O_3）

吸水量大，干燥速度快，能再生（400～500K 烘烤）。

十、洗液的配制及器皿的洗涤

通常用的洗液是重铬酸钾（或重铬酸钠）的硫酸溶液，称为铬酸洗液。其成分是：重铬酸钾60g，浓硫酸460mL，水300mL。配制方法为：重铬酸钾溶解在温水中，冷却后再徐徐加大浓硫酸（相对密度为1.84左右），配制好的溶液呈红色，并有均匀的红色小结晶。铬酸洗液是一种强氧化剂，去污能力很强。常用它来洗去玻璃和瓷质器皿的有机物质，切不可用于洗涤金属器皿。铬酸洗液加热后，去污作用更强，一般可加热到45～50℃，洗液可反复使用，直到溶液呈青褐色为止。

(一) 玻片洗涤法

细菌染色的玻片，必须清洁无油，清洗方法如下。

① 新购置的载片，先用2%盐酸浸泡数小时，冲去盐酸。再放浓洗液中浸泡过夜，用自来水冲净洗液，浸泡在蒸馏水中或擦干装盒备用。

② 用过的载片，先用纸擦去石蜡油，再放入洗衣粉液中煮沸，稍冷后取出。逐个用清水洗净，放浓洗液中浸泡24h，控去洗液，用自来水冲洗。蒸馏水浸泡。

③ 用于鞭毛染色的玻片，经以上步骤清洗后，应选择表面光滑无伤痕者，浸泡在95%的乙醇中暂时存放，用时取出，用干净纱布擦去酒精，并经过火焰微热，使残余的酒精挥发，再用水滴检查，如水滴均匀散开，方可使用。

④ 盖片使用前，可用洗衣粉或洗液浸泡，洗净后再用95%乙醇浸泡，擦干备用。用过的盖片也应及时洗净擦干保存。

(二) 玻璃器皿洗涤法

清洁的玻璃器皿是得到正确实验结果的重要条件之一，由于实验目的不同，对各种器皿的清洁程度的要求也不同。

① 一般玻璃器皿（如锥形瓶、培养皿、试管等）可用毛刷及去污粉或肥皂洗去灰尘、油垢、无机盐类等物质，然后用自来水冲洗干净。少数实验要求高的器皿，可先在洗液中浸泡数10min，再用自来水冲洗。最后用蒸馏水洗2～3次。以水在内壁能均匀分布成一薄层而不出现水珠，为油垢除尽的标准。洗刷干净的玻璃仪器烘干备用。

② 染菌的玻璃器皿，应先经121℃高压蒸汽灭菌20～30min后取出，趁热倒出容器内之培养物，再用热肥皂洗刷干净，用水冲洗。带菌的移液管和毛细吸管，应立即放5%以上的石炭酸溶液中浸泡数小时，先灭菌，然后再用水冲洗，有些实验，还需要用蒸馏水进一步冲洗。

③ 新购置的玻璃器皿含有游离碱，一般先用2%盐酸或洗液浸泡数小时后．再用水冲洗干净，新的载玻片和盖玻片先浸入肥皂水（或2%盐酸）内1h，再用水洗净。以软布擦干后浸入滴有少量盐酸的95%乙醇中，保存备用。已用过的带有活菌的载玻片或盖玻片可先浸在5%石炭酸溶液中消毒，再用水冲洗干净，擦干后，浸入95%乙醇中保存备用。

④ 凡遇有传染性材料的器皿，洗涤前应经高压灭菌后清洗。

种 类	配制及用途	
铬酸洗液	1)5g重铬酸钾＋100mL浓硫酸 2)5g重铬酸钾＋5mL水＋100mL浓硫酸 3)80g重铬酸钾＋1000mL水＋100mL浓硫酸 4)200g重铬酸钾＋500mL水＋500mL浓硫酸	广泛用于玻璃仪器的洗涤
5%草酸溶液	用数滴硫酸酸化，可洗去高锰酸钾痕迹	
45%尿素洗涤液	为蛋白质的良好溶剂，可洗涤蛋白质制及血样的容器	
5%～10%磷酸三钠溶液	去污垢，洗涤油腻等	
5%～10%EDTA-Na_2溶液	加热煮沸可洗玻璃仪器内壁的白色沉淀物	

续表

种　类	配制及用途
有机溶剂	丙酮、乙醇、乙醚等可脱油脂、脂溶性染料等痕迹；二甲苯可洗油漆的污垢
30%硝酸溶液	洗涤微量滴管及 CO_2 测定仪器
乙醇与浓硝酸的混合液	滴定管中加 3mL 乙醇，然后沿管壁慢慢加入 4mL 浓硝酸盖住管口，利用所产生的氧化氮洗净滴定管
强碱性洗涤液	氢氧化钾的乙醇溶液和含高锰酸钾的氢氧化钠溶液，可清除容器内壁的污垢，但对玻璃仪器的腐蚀性较强，使用时时间不宜过长
浓盐酸	可除去容器上的水垢或无机盐沉淀

十一、标准筛孔对照表

筛网目数，即孔数，就是每平方英寸上的孔数目。目数越大，孔径越小。一般来说，计算公式为：

$$目数\times孔径(微米)=15000$$

比如，400 目的筛网的孔径为 38μm 左右；500 目的筛网的孔径是 30μm 左右。由于存在开孔率的问题，也就是因为编织网时用的丝的粗细的不同，不同的国家的标准也不一样，目前存在美国标准、英国标准和日本标准三种，其中英国和美国的相近，日本的差别较大。我国使用的是美国标准，也就是可用上面给出的公式计算。

筛孔尺寸与目数对照表

目数	筛孔尺寸/mm		目数	筛孔尺寸/mm	
	现行标准	旧标准		现行标准	旧标准
2.5	8.00	7.925	48	0.300	0.295
3	6.70	6.680	60	0.250	0.246
3.5	5.60	5.613	65	0.212	0.208
4	4.75	4.699	80	0.180	0.175
5	4.00	3.962	100	0.150	0.147
6	3.35	3.327	115	0.125	0.124
7	2.80	2.794	150	0.106	0.104
8	2.36	2.362	170	0.090	0.088
9	2.00	1.981	200	0.075	0.074
10	1.70	1.651	250	0.063	0.063
12	1.40	1.397	270	0.053	0.053
14	1.18	1.168	325	0.045	0.044
16	1.00	0.911	400	0.038	0.037
20	0.850	0.833	500	0.025	
24	0.710	0.701	600	0.023	
28	0.600	0.589	800	0.018	
32	0.500	0.495	1000	0.013	
35	0.425	0.417	1340	0.010	
42	0.355	0.351	2000	0.0065	

说明：本筛制为美国泰勒标准筛制。

十二、部分国家的菌种保藏机构名称和网址信息

1. 中国微生物菌种保藏管理委员会

(China Committee of Culture Collection for Microorganisms，CCCCM)

http：//micronet. im. ac. cn

下设7个国家级专业菌种保藏管理中心：

中国普通微生物菌种保藏管理中心（CGMCC）

中国工业微生物菌种保藏管理中心（CICC）

中国农业微生物菌种保藏管理中心（ACCC）

中国兽医微生物菌种保藏管理中心（CVCC）

中国林业微生物菌种保藏管理中心（CFCC）

中国抗生素菌种保藏管理中心（CACC）

中国医学微生物菌种保藏管理中心（CMCC）

2. 中国科学院典型培养物保藏委员会

(The Committee on Type Culture Collection of Chinese Academy of Sciences，CTCCCAS)

http：//www. ctcccas. ac. cn/

3. 中国典型培养物保藏中心

(China Center for Type Culture Collection，CCTCC)

http：//www. cctcc. org

4. 中国农业微生物菌种保藏管理中心

(Agricultural Culture Collection of China)

http：//www. accc. org. cn/

5. 普通微生物菌种保藏管理中心

(China General Microbiological Culture Collection Center，CGMCC)

http：//www. cgmcc. net

6. 中国科学院武汉病毒研究所-“中国病毒资源与信息中心”

(Etiologic Detection of Viral Disease Database)

http：//www. virus. csdb. cn/

7. 中国林业微生物菌种保藏管理中心

(China Forestry Culture Collection Center)

http：//www. cfcc-caf. org. cn

8. CICC 中国工业微生物菌种保藏管理中心

(China Center of Industrial Culture Collection，CICC)

http：//www. china-cicc. org/

9. 中国医学细菌保藏管理中心

(China Pharmaceutical Culture Collection，CPCC)

http：//www. gimcc. net/index. asp

10. 上海市农业科学院食用菌研究所

http：//www. mushroom. sh. cn BCRC

11. 台湾生物资源保存及研究中心（食品工业发展研究所）

（Bioresources Collection and Research Center）

http：//www. bcrc. firdi. org. tw

12. 世界培养物保藏联合会

（World Federation for Culture Collection，WFCC）

http：//www. wfcc. info

13. 世界微生物数据中心

（WFCC-MIRCEN World Data Center for Microorganisms，WDCM）

http：//wdcm. nig. ac. jp

14. 欧洲培养物保藏组织

（European Culture Collection Organizations，ECCO）

http：//www. eccosite. org

15. 国际菌根真菌保藏中心

（International Culture Collection of VA Mycorrhizal Fungi，INVAM）

http：//invam. caf. wbu. edu

16. 美国典型培养物保藏中心

（American Type Culture Collection，ATCC）

http：//www. atcc. org

17. 美国农业部菌种保藏中心

（Agricultural Research Service Culture Collection，ARS）

http：//nrrl. ncaur. usda. gov

18. 英国国家微生物菌种保藏中心

（The United Kingdom National Culture Collection，UKNCC）

http：//www. uknee. co. uk

19. 英国国家典型培养物保藏中心

（National Collection of Type Cultures，NCTC）

http：//www. phls. co. uk/services/nctc/index. htm

20. 英国酵母菌种保藏中心

（National Collection of Yeast Cultures，NCYC）

http：//www. ifrn. bbsrc. ac. uk/ncyc

21. 荷兰细菌菌种保藏中心

（The Netherlands Culture Collection of Bacteria，NCCB）

http：//www. cbs. knaw. nl/nccb

22. 荷兰真菌菌种保藏中心

（Fungal Biodiversity Centre，Netherlands，CBS）

http：//www. cbs. knaw. nl

23. 比利时微生物菌种保藏中心

(Belgian Coordinated Collections of Microorganisms, BCCM)

http://. belspo. be/bccm/bccm. htm

24. 日本技术评价研究所生物资源中心

(NITE Biological Resource Center, NBRC)

http://www. nite. go. jp/en/nbrc/index. html

25. 美国农业研究菌种保藏中心

(Agricultural Research Service Culture Collection, NRRL)

http://nrrl. ncaur. usda. gov/

26. 韩国典型菌种保藏中心

(Korean Collection for Type Cultures, KCTC)

http://www. abrcn. net

27. 德国微生物菌种保藏中心

(Deutsche SammLung von Mikroorganismen und Zellkulturen, DSMZ)

http://www. dsmz. de

28. 英国国家菌种保藏中心

(The United Kingdom National Culture Collection, UKNCC)

http://www. ukncc. co. uk

29. 英国食品工业与海洋细菌菌种保藏中心

(National Collections of Industrial, Food and Marine Bacterial, NCIMB)

http://www. ncimb. com

十三、食品安全国家标准

1. 食品安全国家标准 食品微生物学检验 总则（GB 4789.1—2010）。
2. 食品安全国家标准 食品微生物学检验 菌落总数测定（GB 4789.2—2010）。
3. 食品安全国家标准 食品微生物学检验 大肠菌群计数（GB 4789.3—2010）。
4. 食品安全国家标准 食品微生物学检验 沙门氏菌检验（GB 4789.4—2010）。
5. 食品安全国家标准 食品微生物学检验 金黄色葡萄球菌检验（GB 4789.10—2010）。
6. 食品安全国家标准 食品微生物学检验 霉菌和酵母计数（GB 4789.15—2010）。
7. 食品安全国家标准 食品微生物学检验 乳与乳制品检验（GB 4789.18—2010）。
8. 食品安全国家标准 食品微生物学检验 单核细胞增生李斯特氏菌检验（GB 4789.30—2010）。
9. 食品安全国家标准 食品微生物学检验 乳酸菌检验（GB 4789.35—2010）。
10. 食品安全国家标准 食品微生物学检验 阪崎肠杆菌检验（GB 4789.40—2010）。

十四、药品规格及其应用范围

根据药品纯度不同一般可分为下列几类。

1. 保证试剂（GR），用在科学研究及微量分析方面。

2. 分析试剂（AR），定量分析时标定溶液用。

3. 化学纯试剂（CP），定性试验时用。

4. 实验试剂（LR），用于和实验结果关系不大的场合。

5. 工业品，用于大型或工业生产上。

在实验中用的最多的是 CP 一类，AR 使用较少，GR 非有特殊需要时，一般尽量用 AR 来代替，因为纯度高，价格很贵。

除上述几种规格外尚有几种不以纯度分类的规格。

(1) 生物试剂（BR）生物体中提炼出来，成分含量相差较大，如培养微生物时用的牛肉膏、酵母膏等药品即属此类。

(2) 指示剂（Ind）配制指示剂用。

(3) 色谱纯，色谱分析时采用。

(4) 生物染色剂（BS），如甲基蓝。

参考文献

[1] 刘慧．现代食品微生物学实验技术［M］．北京：中国轻工业出版社，2006.
[2] 孙清鹏，万善霞，孙祎振．生物学实验技术［M］．北京：中国林业出版社，2014.
[3] 杨文博．微生物学实验［M］．北京：化学工业出版社，2004.
[4] 林秩兰，黄梨秀．现代生物学与实验技术［M］．北京：科学出版社，2000.
[5] 薛泉宏．微生物学实验技术［M］．北京：科学出版社，2012.
[6] 杜连祥，路福平．微生物学实验技术［M］．北京：中国轻工业出版社，2006.
[7] 张莉滟，黄勇，张德纯．双歧杆菌原生质体的制备与回复研究［J］．微生物学杂志，2004，24（2）：24-26.
[8] 黎永学，张德纯，李代昆．双歧杆菌和酿酒酵母原生质体融合子筛选方法的探讨［J］．食品科学，2006，27（2）：84-86.
[9] 陈红霞，李翠华．食品微生物学及实验技术［M］．北京：化学工业出版社，2008.
[10] 杨革．微生物学实验教程［M］．北京：科学出版社，2004.
[11] 张炳炽．微生物学简明教程［M］．青岛：青岛出版社，1988.
[12] 刘慧，张红星．现代食品微生物学［M］．北京：中国轻工业出版社，2014.
[13] 唐丽杰，刘玉芬．微生物学实验［M］．哈尔滨：哈尔滨工业大学出版社，2005.
[14] 唐突．食品卫生检测技术［M］．北京：化学工业出版社，2006.
[15] 姚勇芳．食品微生物检测技术［M］．北京：科学出版社，2011.
[16] 吴瑕，张兰威．牛乳中抗生素残留及其检测方法的研究进展［J］．食品与发酵工业，2004，30（7）：112-116.
[17] 陈福生．食品安全实验检测技术与方法［M］．北京：化学工业出版社，2010.
[18] 万海同．生物与制药工程实验［M］．杭州：浙江大学出版社，2008.
[19] 林海，张丽丽，孟庆玉．食品中黄曲霉毒素的检测方法［J］．农产品加工，2013，6：43-46.
[20] 黄伟坤．食品检验与分析［M］．北京：中国轻工业出版社，1989.
[21] 牛天贵．食品微生物学实验技术［M］．北京：中国农业大学出版社，2002.
[22] 曾庆梅，张冬冬，杨毅等．食品微生物安全检测技术［J］．食品科学，2007，28（10）：632-637.
[23] 张朝武．卫生微生物学［M］．北京：人民卫生出版社，2003.
[24] 韩建春，邵美丽，郭鸽著．酸奶加工技术［M］．哈尔滨：哈尔滨工程大学出版社，2011.
[25] 周红丽，张滨，刘素纯．食品微生物检验实验技术［M］．北京：中国质检出版社，2012.
[26] 郭秋菊，滕井华，许荣均等．大肠杆菌噬菌体的分离、纯化及其特性研究［J］．厦门大学学报（自然科学版），2008，47（2）：273-277.
[27] 赵振玲，孙春禄，王成忠，等．不同发酵香肠中微球菌与葡萄球菌的筛选与鉴定［J］．肉类工业，2008，323（3）：20-23.
[28] 郑晓燕，林伟涛，徐世明等．中式发酵干香肠中葡萄球菌和微球菌的分离筛选、鉴定和培养［J］．中国酿造，2009，210（9）：33-37.
[29] 任丽虹，周应揆．脂肪酶产生菌的筛选及一株黑曲霉产脂肪酶最适条件研究［J］．工业微生物，1996，26（1）：23-26.
[30] GB 5009.5—2010 食品安全国家标准 食品中蛋白质的测定凯氏定氮法．
[31] GB 5413.34—2010 食品安全国家标准 乳和乳制品酸度的测定．
[32] GB/T 12143.1—2008 饮料通用分析方法 可溶性固形物．
[33] 刘静娜．微生物与食品的主要关系［J］．食品科学，2002，2：338-340.